计算机专业“十三五”规划教材

单片机项目实训

——基于项目驱动式教学法

主　编　徐涢基　魏全盛
副主编　陈　芳　王　莉　吴军良
　　　　胡恢军　刘国强
编　委　李　娜　陈　鼎　周菁菁
　　　　饶　丹　龚　明　毛启宁

北京希望电子出版社
Beijing Hope Electronic Press
www.bhp.com.cn

内 容 简 介

本书共7个项目。项目1、项目2、项目3、项目7为单片机知识基本应用项目，项目4～项目6为单片机与模拟电子技术、数字电子技术、传感器、自动控制原理、控制算法的综合设性计项目。本书主要通过“项目教学法”的体例方式，以帮助读者缩短与工程实践的距离，提高将理论知识运用于实践项目的能力，提高读者的综合应用能力。

本书可作为大中专院校计算机、电子、通信、电气类相关专业的教材，也可以作为培训班的实训教材，还可供单片机应用编程相关领域的专业技术人员参考。

图书在版编目（CIP）数据

单片机项目实训 : 基于项目驱动式教学法 / 徐涢基，魏全盛主编. -- 北京 : 北京希望电子出版社，2019.2
ISBN 978-7-83002-672-1

Ⅰ. ①单… Ⅱ. ①徐… ②魏… Ⅲ. ①单片微型计算机－高等职业教育－教材 Ⅳ. ①TP368.1

中国版本图书馆CIP数据核字（2019）第021683号

出版：北京希望电子出版社
地址：北京市海淀区中关村大街22号
中科大厦A座10层
邮编：100190
网址：www. bhp. com. cn
电话：010-82626270
传真：010-62543892
经销：各地新华书店

封面：赵俊红
编辑：武天宇　刘延姣
校对：薛海霞
开本：787mm×1092mm 1/16
印张：14
字数：358千字
印刷：廊坊市广阳区九洲印刷厂
版次：2019年2月1版1次印刷

定价：39. 80元

前 言

单片微型计算机是一种面向控制的大规模集成电路芯片。随着电子技术的迅猛发展和超大规模集成电路设计以及制造工艺的进一步提高，单片机技术有了迅速发展，并且已经渗透到国防、工业、农业及日常生活的各个领域。在智能仪器仪表、工业检测控制、电力电子、汽车电子、机电一体化等方面都得到了广泛的应用，并取得了巨大的成果。

本书采用“项目教学法”的编写体例，通过实施一个完整的项目进行教学活动，从而可以在课堂教学中把理论与实践教学有机地结合起来，充分发掘学生的创造潜能，提高学生解决实际问题的综合能力。本书在项目选择、具体成果展示、教师评估总结，都充分利用了现代化教学与实验手段，这也是做好“项目教学法”的关键所在。

本书共 7 个项目。分别为自动智能浇花系统设计，温度显示系统设计，智能温度控制风扇系统设计，智能避障循迹小车设计，GSM 烟雾、防盗报警系统设计，风力摆控制系统设计和智能交通灯控制系统设计。

本书由华东交通大学理工学院的徐涢基和江西工业职业技术学院的魏全盛担任主编，由华东交通大学理工学院的吴军良、王莉、陈芳、胡恢军和兰州职业技术学院的刘国强担任副主编，华东交通大学理工学院的李娜、陈鼎、周菁菁、饶丹、龚明和毛启宁参与了本书的编写工作。本书由徐涢基负责编写大纲并统稿。本书的相关资料和售后服务可扫本书封底的微信二维码或与 QQ（2436472462）联系获得。

本书将单片机知识与工程实践有机地结合起来，采用探索性的学习。学习本书过后，读者将在模拟电子技术、数字电子技术、Protel、单片机、传感器、C 语言程序设计、自动控制、算法设计等知识的综合理解及应用方面得到极大的提高。

本书难免有疏漏和不当之处，敬请各位专家及读者不吝赐教。

编 者

目录

项目 1 自动智能浇花系统设计……1
1.1 自动智能浇花系统作品制作……4
1.2 自动智能浇花系统总体方案设计……5
1.2.1 系统的功能分析……5
1.2.2 系统总体结构……5
1.2.3 模块电路的设计……6
1.2.4 自动智能浇花系统软件设计……15
1.2.5 自动智能浇花系统焊接与调试……24
1.2.6 实物测试……26
项目 2 温度显示系统设计……30
2.1 温度显示系统的原理图设计与 PCB 设计……33
2.1.1 系统总体原理图……33
2.1.2 系统总体 PCB 图……34
2.2 温度显示系统的程序设计……35
2.2.1 主程序软件设计……35
2.2.2 温度采集的软件设计……36
2.2.3 温度采集算法软件设计……36
2.2.4 温度转换命令子程序软件设计……37
2.2.5 DS18B20 程序流程图……37
2.2.6 系统总体程序……38

项目 3 智能温度控制风扇系统设计 ······ 49
3.1 智能温度控制风扇原理图设计与 PCB 设计 ······ 53
3.1.1 系统总体原理图 ······ 53
3.1.2 系统总体 PCB 图 ······ 54
3.2 智能温度控制风扇相关设计软件及程序设计 ······ 54
3.2.1 Altium Designer ······ 54
3.2.2 Proteus ······ 56
3.2.3 主程序流程图 ······ 58
3.2.4 DS18B20 子程序流程图 ······ 58
3.2.5 数码管显示子程序流程图 ······ 59
3.2.6 按键子程序流程图 ······ 60
3.3 智能温度控制风扇的软硬件调试 ······ 60
3.3.1 按键显示部分的调试 ······ 60
3.3.2 传感器 DS18B20 温度采集部分调试 ······ 61
3.3.3 风扇调速电路部分调试 ······ 61
3.3.4 系统功能 ······ 62
3.3.5 系统总体程序源代码 ······ 62

项目 4 智能避障循迹小车设计 ······ 75
4.1 智能车模型制作 ······ 78
4.2 智能避障循迹小车的总体方案设计 ······ 81
4.2.1 智能避障循迹小车的硬件设计 ······ 81
4.2.2 智能避障循迹小车的软件设计 ······ 82
4.3 智能避障循迹小车的详细硬件设计 ······ 83
4.3.1 电源模块设计 ······ 83
4.3.2 驱动模块设计 ······ 83
4.3.3 循迹模块设计 ······ 85
4.3.4 避障模块的选择 ······ 87
4.3.5 其他模块设计 ······ 87
4.3.6 主控电路设计 ······ 87
4.4 详细智能循迹程序设计 ······ 90
4.4.1 延时子程序设计 ······ 90
4.4.2 前进子程序设计 ······ 91
4.4.3 后退子程序设计 ······ 91
4.4.4 停止子程序设计 ······ 92

4.4.5 左转大弯子程序设计……92
4.4.6 左转小弯子程序设计……92
4.4.7 右转大弯子程序设计……93
4.4.8 右转小弯子程序设计……93
4.4.9 避障子程序设计……94
4.4.10 循迹子程序设计……96
4.4.11 起始线检测子程序设计……98
4.4.12 主程序设计……99

项目 5 GSM 烟雾、防盗报警系统设计……104
5.1 GSM 烟雾、防盗报警系统原理图设计与 PCB 设计……108
5.1.1 系统总体原理图……108
5.1.2 系统总体 PCB 图……110
5.2 GSM 烟雾、防盗报警系统方案设计……111
5.2.1 系统总体设计思路……111
5.2.2 系统方案设计……111
5.3 传感器简介……112
5.3.1 热释电红外线感器简介……112
5.3.2 热释电红外传感器电路图……113
5.3.3 被动式热释电红外传感器的工作原理及特性……114
5.3.4 烟雾传感器 MQ 2 简介……115
5.3.5 SIM900A 短信模块简介……118
5.3.6 GSM 模块接口设计……120
5.4 硬件电路设计……122
5.4.1 电源电路设计……122
5.4.2 红外探测信号输入电路……123
5.4.3 时钟电路的设计……124
5.4.4 复位电路的设计……125
5.4.5 烟雾检测电路设计……125
5.5 软件设计……127
5.5.1 软件的程序实现……127
5.5.2 主程序工作流程图……127
5.5.3 中断服务程序工作流程图……128
5.5.4 报警电路流程图……129
5.5.5 信号采集电路流程图……129

5.5.6 系统程序源代码……129

项目 6 风力摆控制系统设计……142
6.1 风力摆控制系统模型制作……145
6.2 风力摆主控制板设计……146
6.2.1 原理图设计……146
6.2.2 PCB 图设计……149
6.2.3 PID 算法简介……150
6.3 风力摆控制系统程序设计……150
6.3.1 风力摆控制系统程序结构……150
6.3.2 风力摆控制系统主程序流程图及程序源代码……151
6.3.3 风力摆控制系统的 PID 算法执行流程及源代码……152
6.3.4 风力摆控制系统的任务执行流程图及源代码……157
6.3.5 按键功能选择源代码……165
6.3.6 MPU6050 传感器函数……170
6.3.7 四元素算法源代码……174
6.3.8 IIC 数据传输协议……176
6.3.9 延时函数 FsBSP_Delay.c……180
6.3.10 串口通信函数 FsBSP_Uart.c……180
6.3.11 STC15W4KPWM.C 函数……182
6.3.12 定时器程序 Timer.c……184

项目 7 智能交通灯控制系统设计……191
7.1 智能交通灯控制系统总体设计方案……193
7.2 交通灯系统硬件设计……194
7.2.1 交通灯系统工作原理……194
7.2.2 交通灯系统各模块电路及功能……196
7.3 交通灯系统软件设计……198
7.3.1 程序主体设计流程……198
7.3.2 子程序模块设计……200
7.3.3 系统总体程序源代码……203
7.3.4 系统仿真……210

参考文献……215

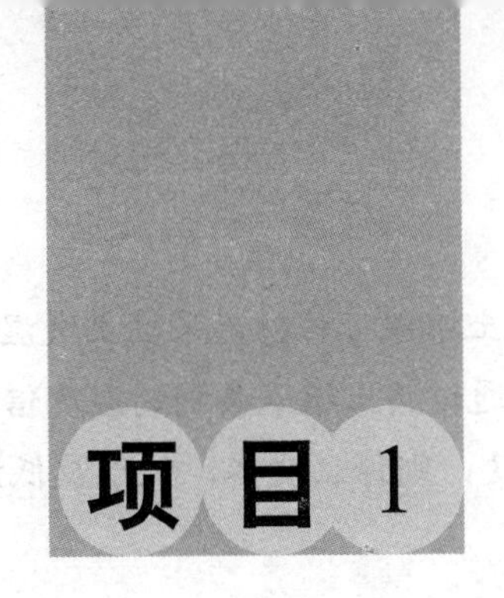

自动智能浇花系统设计

项目描述

随着社会的进步，人们的生活质量越来越高。在家里养盆花可以陶冶情操，丰富生活。同时盆花可以通过光合作用吸收二氧化碳，净化室内空气，在有花草的地方空气中负离子聚集较多，空气也特别清新，而且花草还可以吸收空气中的有害气体。因此，养盆花有益身体健康。

盆花浇水量是否能做到适时适量，是养花成败的关键。但是，在生活中人们总是会有无暇顾及的时候，比如工作太忙，或者出差、旅游等。花草生长问题 80%以上是由花草浇灌问题引起的；好不容易种植几个月的花草，因为浇水不及时，长势不好，用来美化环境的花草几乎成了“鸡肋”；不种植吧，家里没有绿色衬托，感觉没有生机；保留吧，花草长得不够旺盛，还影响家庭装饰效果。虽然市场上有卖盆花自动浇水器，但价格十分昂贵，并且大多只能设定一个定时浇水的时间，很难做到给盆花自动适时适量浇水。也有较经济的盆花缺水报警器，可以提醒人及时给盆花浇水。可是这种报警器只能报警，浇水还需要亲自动手。当家里无人时，即使报警也无人浇水，起不到应有的作用。因此，设计一种集盆花土壤湿度检测，自动浇水以及蓄水箱自动供水于一体的盆花自动浇水系统，让人在无暇顾及时盆花也能得到及时的浇灌。

本设计由 STC89C52 单片机电路 + 四位共阳数码管显示电路 + ADC0832 采样电路 + 水泵控制电路 + 土壤湿度传感器电路 + 按键电路 + 电源电路组成。土壤湿度传感器检测到湿度信号，通过 ADC0832 传到单片机中，然后经过单片机处理后，在数码管上显示相关信息，并且可以通过按键设置相关信息。

本自动智能浇花系统包含硬件设计部分与软件设计部分，硬件设计部分主要涵盖的知识技能有：模拟电子技术、数字电子技术、信号处理、印刷电路板设计、单片机、传感器等；软件设计部分主要涵盖的知识技能有：C 语言程序设计、传感器信息采集、自动控制算法设计等。

自动智能浇花系统工作原理如下。

（1）供电环节：系统由 5 V 的稳压电源供电，输出 5 V 的直流电压直接给自动浇花系统主板上的单片机、土壤湿度传感器、继电器、水泵等供电。

（2）数据采集环节：通过土壤湿度传感器采集土壤湿度信号，送给单片机处理。

（3）控制水泵浇花环节：通过将土壤采集到的湿度信号与预先设定的湿度范围进行对比，若高于预先设定的最高湿度，则停止浇水，低于最低湿度，单片机控制继电器闭合，使浇水水泵开始浇水作业。

项目任务

（1）设计一套自动智能浇花系统原理图及 PCB 图。

（2）焊接一个自动智能浇花系统。

（3）设计对应的土壤湿度传感器数据采集程序及浇花水泵控制程序。

（4）系统需要实现的功能如下。

① 数码管实时显示土壤湿度传感器测到的湿度。

② 按键说明：从左边第一个起，减键、加键、设置键。可以用按键设置，设置湿度的上、下限值，并具有掉电保存，保存在 STC 单片机的内部，上电无须重新设置。

③ 当湿度低于下限值时，自动打开水泵进行抽水自动灌溉，当湿高于上限值时，断开水泵停止灌溉。

④ 具有手动模式，按减键手动打开水泵，可以按加键手动关闭水泵。

项目目标

（1）通过制作自动智能浇花系统，提高学生动手能力。

（2）通过设计主控板硬件电路，加强学生对模拟电子技术、数字电子技术、印刷电路板设计等知识的理解，提高硬件设计能力。

（3）通过对该控制系统的编程，使学生深入掌握 C 语言、传感器、单片机、自动控制等知识，提高学生将理论知识应用工程实践的能力。

（4）通过完成该项目，使学生掌握土壤湿度传感器数据采集程序及浇花水泵控制程序的设计方法。

（5）通过该项目的设计，使学生掌握工程设计的一般流程与思想方法。

项目实施

1．理论支撑

为了能够顺利的完成本项目，在实践之前应该查阅有关模拟电子技术、数字电子技术、印刷电路板设计、传感器、单片机、C 语言、减速电机工作原理、自动控制原理等知识。

2．操作实践

（1）识图，了解结构及原理。

（2）各小组分析、讨论并制定实施方案。

（3）参考工艺。

（4）结合方案合理准备元器件及设备、材料、工具和量具，分别如表1-1～表1-4所示。

表1-1　元器件及设备准备

序号	设备名称	要求	数量
1	无极性电容	22 pF	2个
2	DC接口（分大小_小）	DC接口	1个
3	四位共阳数码管	0.56英寸	1个
4	电解电容	10 μF	1个
5	电解电容	220 μF	1个
6	LED灯	3 mm红灯	1个
7	LED灯	3 mm黄灯	1个
8	三极管	9012	5个
9	电阻	10 K	1个
10	电阻	1 K	7个
11	轻触按键	6.5 mm×6.5 mm	4个
12	51单片机	STC89C52RC	1块
13	电源开关（蓝白）	SW-DPDT（8.5 mm×8.5 mm）	1个
14	AD转换芯片	ADC0832	1块
15	土壤湿度模块	工作电压：3.3～5 V	1个
16	晶振	11.0592M	1个
17	微型水泵	DC5V	1个
18	软管	外接水泵	1米
19	胶棒	2 cm	2-3根
20	IC底座	DIP8	1个
21	IC底座	DIP40	1个
22	单排座	2.54 mm	1条
23	覆铜板或万能板	15 cm×10 cm	1块
24	USB线	小头	1个

表 1-2　材料准备

序号	材料名称	要求	数量
1	跳线	20 cm 长	10 根
2	细导线	线号：30AWG 铜芯，外径：0.55～0.58 mm	一卷
3	扎带	20 cm 长	2 根
4	杜邦线	20 cm 长	10 根
5	焊锡丝	直径 0.8 mm	1 卷
6	焊锡膏	金鸡牌	1 瓶

表 1-3　工具准备

序号	工具名称	要求	数量
1	电烙铁	35 W	1 把
2	电钻	400 W，配 2 mm、5 mm、8 mm 钻头	1 把
3	美工刀	无	1 把
4	剥线钳	无	1 把
5	螺丝刀	小型一字，十字	各 1 把
6	斜口钳	无	1 把

表 1-4　量具准备

序号	量具名称	要求	数量
1	卷尺	量程：3 m	1 把
2	毫米刻度尺	量程：30 cm	1 把
3	万用表	数字式	1 台

1.1　自动智能浇花系统作品制作

自动智能浇花系统作品制作步骤如下。

步骤一：将元器件初步在万能板或覆铜板上布局。

步骤二：将焊接前续工作准备好，准好好烙铁，焊锡高，焊锡丝等，根据原理图及 PCB 图焊接好元器件。

步骤三：上电测试，上电后看各部分的元器件能否正常工作。

步骤四：若上述上电后能正常工作，则将程序下载到单片机中，并将水泵与水源、花等放置好后，开始调试，直到整个控制系统能够正常的按照预先设定的参数进行工作。

安装完成效果如图 1-1 所示。

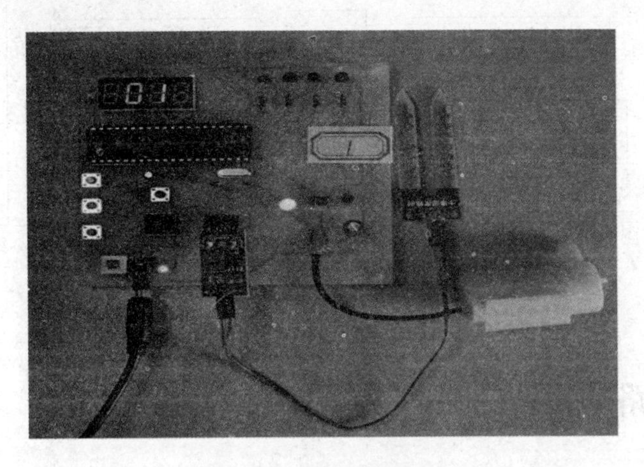

图 1-1　安装完成效果

1.2　自动智能浇花系统总体方案设计

1.2.1　系统的功能分析

本设计由 STC89C52 单片机电路＋四位共阳数码管显示电路＋ADC0832 采样电路＋水泵控制电路＋土壤湿度传感器电路＋按键电路＋电源电路组成。

（1）数码管实时显示土壤湿度传感器测到的湿度。

（2）按键说明：从左边第一个起，减键、加键、设置键。可以用按键设置，设置湿度的上、下限值，并具有掉电保存，保存在 STC 单片机的内部，上电无须重新设置。

（3）当湿度低于下限值时，自动继电器工作打开水泵进行抽水自动灌溉，当湿度高于上限值时，继电器断开自动关闭水泵停止灌溉，

（4）具有手动模式，按减键手动打开抽水电机，可以按加键手动关闭抽水电机。

1.2.2　系统总体结构

系统总体结构如图 1-2 所示。

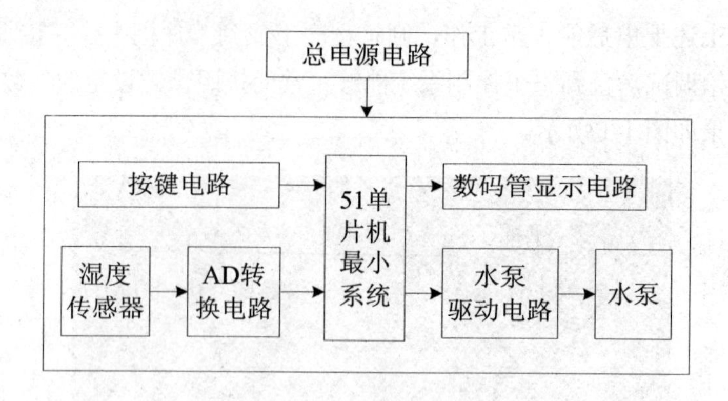

图 1-2　系统总体结构

1.2.3　模块电路的设计

（一）STC89C52 单片机核心系统电路的设计

STC89C52RC 是 STC 公司生产的一种低功耗、高性能 CMOS8 位微控制器，具有 8 K 字节系统可编程 Flash 存储器。STC89C52 使用经典的 MCS-51 内核，但是作了很多的改进使得芯片具有传统 51 单片机不具备的功能。在单芯片上，拥有灵巧的 8 位 CPU 和在系统可编程 Flash，使得 STC89C52 为众多嵌入式控制应用系统提供高灵活、超有效的解决方案。具有的标准功能：8 K 字节 Flash，512 字节 RAM，32 位 I/O 口线，看门狗定时器，内置 4KB EEPROM，MAX810 复位电路，3 个 16 位定时器/计数器，4 个外部中断，一个 7 向量 4 级中断结构（兼容传统 51 的 5 向量 2 级中断结构），全双工串行口。另外 STC89C52 可降至 0Hz 静态逻辑操作，支持 2 种软件可选择节电模式。空闲模式下，CPU 停止工作，允许 RAM、定时器/计数器、串口、中断继续工作。掉电保护方式下，RAM 内容被保存，振荡器被冻结，单片机一切工作停止，直到下一个中断或硬件复位为止。最高运作频率 35 MHz，6T/12T 可选。

1．STC89C52 主要特性

通常，STC89C52 主要特性如下。

（1）8 K 字节程序存储空间。

（2）512 字节数据存储空间。

（3）内带 4 K 字节 EEPROM 存储空间。

（4）可直接使用串口下载。

2．STC89C52 主要参数

通常，STC89C52 主要参数如下。

（1）增强型 8051 单片机，6 时钟/机器周期和 12 时钟/机器周期可以任意选择，指令代码完全兼容传统 8051。

（2）工作电压：5.5 V～3.3 V（5 V 单片机）/3.8 V～2.0 V（3 V 单片机）。

（3）工作频率范围：0～40 MHz，相当于普通 8051 的 0～80 MHz，实际工作频率可达 48 MHz。

（4）用户应用程序空间为 8 K 字节。

（5）片上集成 512 字节 RAM。

（6）通用 I/O 口（32 个），复位后为：P1/P2/P3 是准双向口/弱上拉，P0 口是漏极开路输出，作为总线扩展用时，不用加上拉电阻，作为 I/O 口用时，需加上拉电阻。

（7）ISP（在系统可编程）/IAP（在应用可编程），无须专用编程器，无须专用仿真器，可通过串口（P3.0/RXD，P3.1/RXD）直接下载用户程序，数秒即可完成一片。

（8）具有 EEPROM 功能。

（9）共 3 个 16 位定时器/计数器。即定时器 T0、T1、T2。

（10）外部中断 4 路，下降沿中断或低电平触发电路，Power Down 模式可由外部中断低电平触发中断方式唤醒。

（11）通用异步串行口（UART），还可用定时器软件实现多个 UART。

（12）工作温度范围：－40 ℃～＋85 ℃（工业级）/0 ℃～75 ℃（商业级）。

（13）PDIP 封装。

3．STC89C52 单片机相关引脚说明

STC89C52 单片机相关引脚说明如下。

（1）VCC：供电电压。

（2）GND：接地。

（3）P3.0 /RXD（串行输入口）。

（4）P3.1 /TXD（串行输出口）。

（5）P3.2 /INT0（外部中断 0）。

（6）P3.3 /INT1（外部中断 1）。

（7）P3.4 /T0（计时器 0 外部输入）。

（8）P3.5 /T1（计时器 1 外部输入）。

STC89C52 单片机引脚图如图 1-3 所示。

STC89C52RC

引脚	名称	名称	引脚
1	P1.0	VCC	40
2	P1.1	P0.0	39
3	P1.3	P0.1	38
4	P1.2	P0.2	37
5	P1.4	P0.3	36
6	P1.5	P0.4	35
7	P1.6	P0.5	34
8	P1.7	P0.6	33
9	RST/VPD	P0.7	32
10	P3.0/RXD	EA/VPP	31
11	P3.1/RXD	ALE/PROG	30
12	P3.2/INT0	PSEN	29
13	P3.3/INT1	P2.7	28
14	P3.4/T0	P2.6	27
15	P3.5/T1	P2.5	26
16	P3.6/WR	P2.4	25
17	P3.7/RD	P2.3	24
18	XTAL2	P2.2	23
19	XTAL1	P2.1	22
20	GND	P2.0	21

图 1-3　STC89C52 单片机引脚图

（9）P3.6 /WR（外部数据存储器写选通）。

（10）P3.7 /RD（外部数据存储器读选通）。

（11）RST：复位输入。当振荡器复位器件时，要保持 RST 脚两个机器周期的高电平时间。

（12）ALE/PROG：当访问外部存储器时，地址锁存允许的输出电平用于锁存地址的地位字节。在 FLASH 编程期间，此引脚用于输入编程脉冲。在平时，ALE 端以不变的频率周期输出正脉冲信号，此频率为振荡器频率的 1/6。因此它可用作对外部输出的脉冲或用于定时目的。但需要注意的是：每当用作外部数据存储器时，将跳过一个 ALE 脉冲。如想禁止 ALE 的输出可在 SFR8EH 地址上置 0。此时，ALE 只有在执行 MOVX，MOVC 指令是 ALE 才起作用。另外，该引脚被略微拉高。如果微处理器在外部执行状态 ALE 禁止，置位无效。

（13）/PSEN：外部程序存储器的选通信号。在由外部程序存储器取指期间，每个机器周期两次/PSEN 有效。但在访问外部数据存储器时，这两次有效的/PSEN 信号将不出现。

（14）/EA/VPP：是外部访问允许，欲使 CPU 仅访问外部程序存储器（地址为 0000H-FFFFH），EA 端必须保持低电平（接地）。需注意的是：如果加密位 LB1 被编程，复位时内部会锁存 EA 端状态。如 EA 端为高电平（接 VCC 端），CPU则执行内部程序存储器的指令。FLASH 存储器编程时，该引脚加上+12V 的编程允许电源（VPP），当然这必须是该器件是使用 12V 编程电压（VPP）。

（15）XTAL1：反向振荡放大器的输入及内部时钟工作电路的输入。

（16）XTAL2：来自反向振荡器的输出。

4．STC89C52 单片机最小系统说明

STC89C52 单片机最小系统电路由复位电路、时钟电路和电源电路。拥有这三部分电路后，单片机即可正常工作。单片机最小系统原理图如图 1-4 所示。

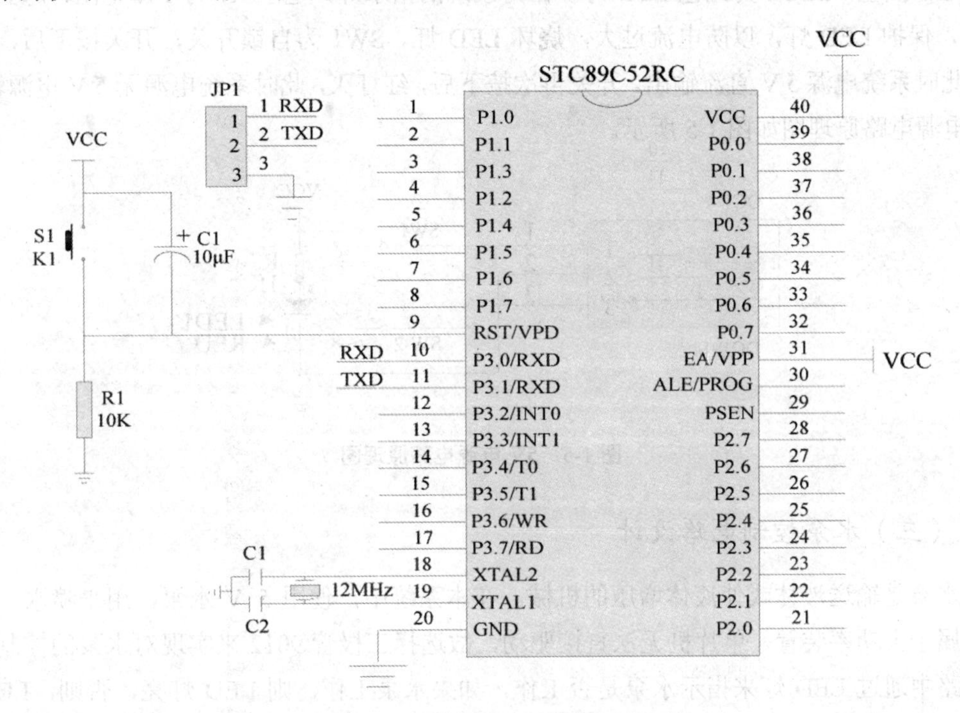

图 1-4　单片机最小系统原理图

（1）VCC 和 GND 为单片机的电源引脚，为单片机提供电源。

（2）复位电路由按键 S1、电解电容 EC1 和电阻 R1 组成。具有手动按键复位和上电自动复位功能。系统上电复位按键接口采集到两个高端信号后进行手动复位，就是非自动的按键复位；系统检测到的电压由低电平上升到高电平的一段时间后，在这段时间过后，系统通过电阻与接地之间形成一条通路，然后自动把高电平进行拉低，使得单片机从高电位变为低电位，从而就是给单片机自动进行复位即上电复位。

（3）时钟电路由晶振 Y1、瓷片电容 C1 和 C2 组成。有控制芯片的数字电路正常工作是少不了 TIME（时钟）电路的，我们需要时钟电路自动发出系统时间，让控制芯片正常工作。给控制芯片正常工作的时钟信号，一般把这种工作方式称为“拍”，以至于让整个控制系统能正常工作，由于要保证控制系统能正常工作，提高他的工作能力，我们经常用 11.0592 MHz 晶振和 30 pF 的电容进行组合，电容为了帮助晶振起振的，满足了数字控制器上电以后可以正常工作。

（4）JD1 为单片机的下载接口。

（二）5 V 电源电路设计

本系统选择 5 V 直流电源作为总电源，为整个系统供电，电路简单、稳定。DC1 为电源的 DC 插座，LED1 为红色 LED 灯，作为系统的指示灯，电阻 R7 为 1 K 电阻，起到限流作用，保护 LED 灯，以防电流过大，烧坏 LED 灯。SW1 为自锁开关，开关按下后，红灯亮，此时系统电源 5 V 直流输出。开关再次按下后，红灯灭，此时系统电源无 5 V 电源输出。5 V 电源电路原理图如图 1-5 所示。

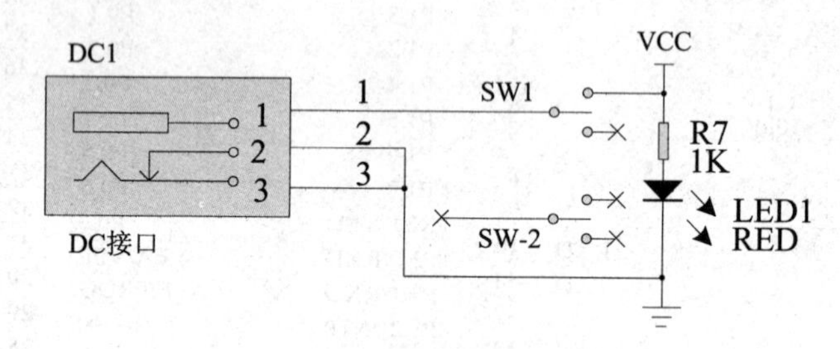

图 1-5　5V 电源电路原理图

（三）水泵控制电路设计

水泵是输送液体或使液体增压的机械。在本系统中，使用 5 V 水泵，用来喷水，由于水泵属于大功率装置，单片机无法直接驱动，故选择三极管 9012 来实现对水泵的控制，在本电路中通过 LED 灯来指示水泵是否工作，如果水泵工作，则 LED 灯亮，否则，LED 灯不亮。R8 为限流电阻，限流作用，以保护 LED 灯。当单片机的相关控制引脚 P35 为低电平时，三极管导通，水泵正常工作；否则，水泵不工作。电解电容 EC2 作用是滤波，让水泵更稳定的工作。水泵控制电路原理图如图 1-6 所示。

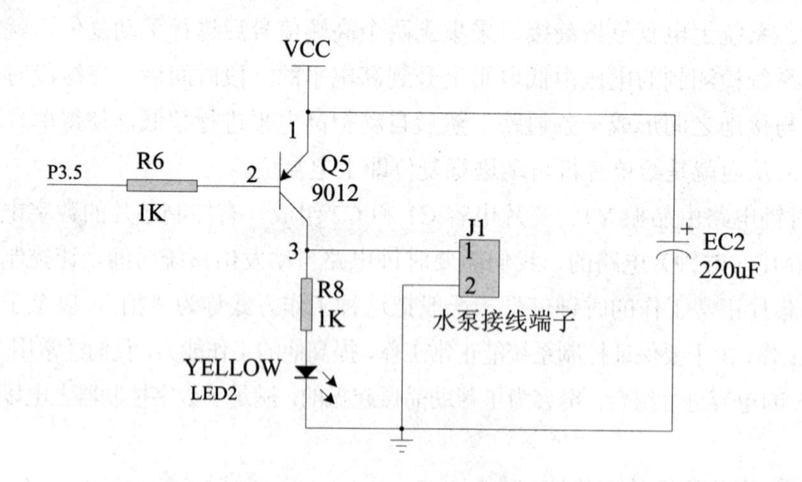

图 1-6　水泵控制电路原理图

（四）土壤湿度模块电路设计

在本设计中选择土壤湿度传感器 PC-28 来检测土壤的湿度，通过电位器调节土壤湿度控制阈值，可以自动对土壤湿度的控制，通过电位器调节控制相应阈值，湿度低于设定值时，DO 输出高电平，高于设定值时，DO 输出低电平；模块也有模拟接口，可以检测出土壤湿度的模拟信号。本模块使用 LM393 比较器将模拟的土壤湿度信号转化为数字信号，并通过 DO 输出。模块工作电压 3.3 V～5 V。

1．接线说明（3 线制）

（1）VCC：外接 3.3 V～5 V。

（2）GND：外接 GND。

（3）DO：小板数字量输出接口（0 和 1）。

2．模块使用说明

（1）传感器适用于土壤的湿度检测。

（2）模块中蓝色的电位器是用于土壤湿度的阈值调节，顺时针调节，控制的湿度会越大，逆时针越小。

（3）数字量输出 DO 可以与单片机直接相连，通过单片机来检测高低电平，由此来检测土壤湿度。

土壤湿度传感器原理图如图 1-7 所示。

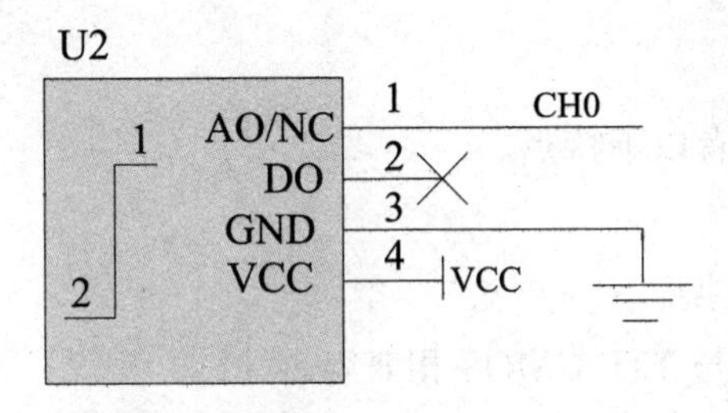

图 1-7　土壤湿度传感器原理图

土壤湿度传感器实物图如图 1-8 所示。

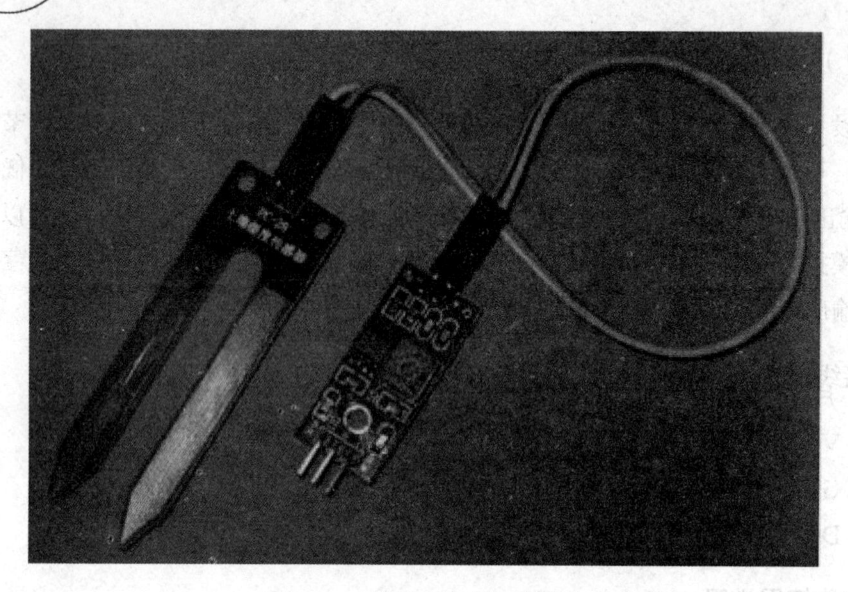

图 1-8　土壤湿度传感器实物图

（五）A/D 转换电路设计

ADC0832 是美国国家半导体公司生产的一种 8 位分辨率、双通道 A/D 转换芯片。由于其体积小、兼容性强、性价比高而深受单片机爱好者及企业欢迎，

学习并使用 ADC0832 可以使我们了解 A/D 转换器的原理，有助于我们单片机技术水平的提高。

1．ADC0832 的特点

通常，ADC0832 具有以下特点。

（1）8 位分辨率。

（2）双通道 A/D 转换。

（3）输入输出电平与 TTL/CMOS 相兼容。

（4）5 V 电源供电时输入电压在 0 V～5 V 之间。

（5）工作频率为 250 KHz，转换时间为 32 μs。

（6）一般功耗仅为 15 mW。

（7）8P、14P-DIP（双列直插）、PICC 多种封装。

（8）商用级芯片温宽为 0℃～＋70℃，工业级芯片温宽为−40℃～＋85℃。

2．芯片引脚图

ADC0832 芯片引脚图如图 1-9 所示。

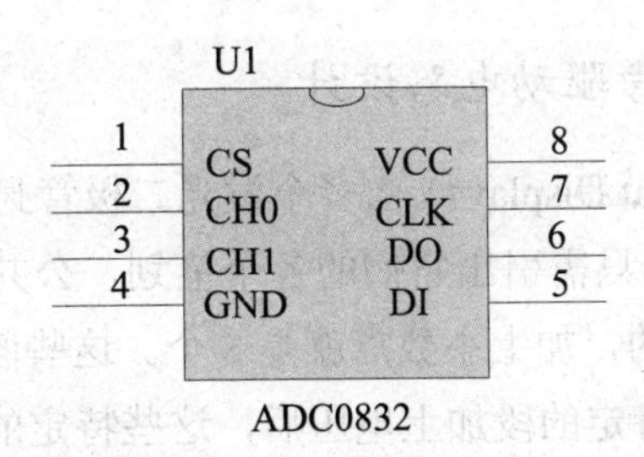

图 1-9　ADC0832 芯片引脚图

3．芯片接口说明

（1）$\overline{\text{CS}}$：片选使能，低电平芯片使能。

（2）CH0：模拟输入通道 0，或作为 IN+/−使用。

（3）CH1：模拟输入通道 1，或作为 IN+/−使用。

（4）GND：芯片参考 0 电位（地）。

（5）DI：数据信号输入，选择通道控制。

（6）DO：数据信号输出，转换数据输出。

（7）CLK：芯片时钟输入。

（8）VCC/REF：电源输入及参考电压输入（复用）。

ADC0832 为 8 位分辨率 A/D 转换芯片，其最高分辨可达 256 级，可以适应一般的模拟量转换要求。其内部电源输入与参考电压的复用，使得芯片的模拟电压输入在 0 V～5 V 之间。芯片转换时间仅为 32 μs，据有双数据输出可作为数据校验，以减少数据误差，转换速度快且稳定性能强。独立的芯片使能输入，使多器件挂接和处理器控制变的更加方便。通过 DI 数据输入端，可以轻易地实现通道功能的选择。在本设计中，ADC0832 的功能是将土壤湿度传感器输出的模拟信号转化为数字信号，然后将信号送入单片机进行处理。实验证明，本电路满足本设计要求。在本设计中，ADC0832 选择模拟输入通道 0，即 CH0 作为信号的采集端口。ADC0832 电路原理图如图 1-10 所示。

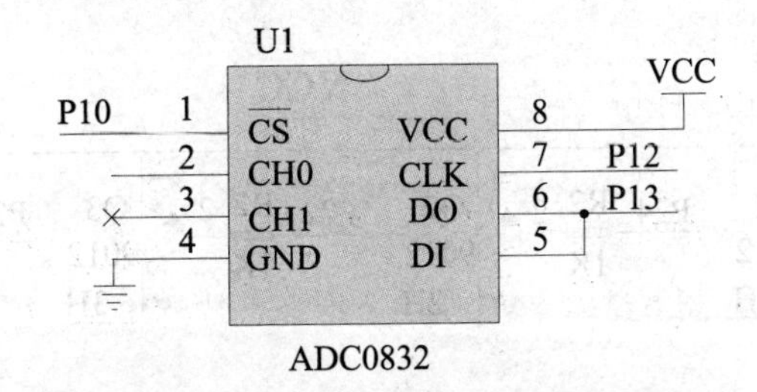

图 1-10　ADC0832 电路原理图

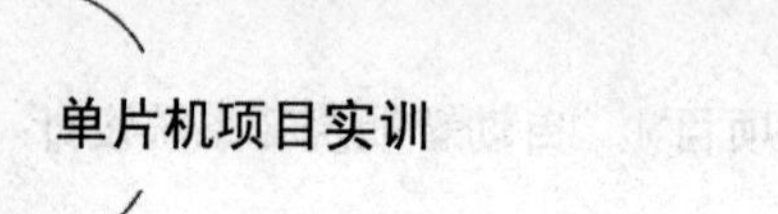

（六）四位共阳数码管驱动电路设计

LED数码管（LED Segment Displays）由多个发光二极管封装在一起组成“8”字型的器件，引线已在内部连接完成，只需引出它们的各个笔划，公共电极。数码管实际上是由七个发光管组成“8”字型构成的，加上小数点就是 8 个。这些段分别由字母 a、b、c、d、e、f、g、dp 来表示。当数码管特定的段加上电压后，这些特定的段就会发亮，以形成我们眼睛看到的字样了。

常用 LED 数码管显示的数字和字符是 0、1、2、3、4、5、6、7、8、9、A、B、C、D、E、F。本设计中选择 4 位共阳数码管来显示数据。4 位共阳数码管一共 12 个引脚，4 个位选，8 个段选。1、2、3、4、5、7、10、11 为段选，6、8、9、12 为四个数码管的位选。每个位选通过三极管进行驱动，在本设计中，Q1～Q5 三极管均为驱动电路。R3-R5 均为限流电阻，保护三极管。

当单片机控制位选的引脚为低电平时，则相关位的数码管可以亮，否则，相关位的数码管不亮。单片机控制段选的引脚通过高低电平的组合即可显示不同的数据信息。四位共阳数码管驱动电路原理图如图 1-11 所示。

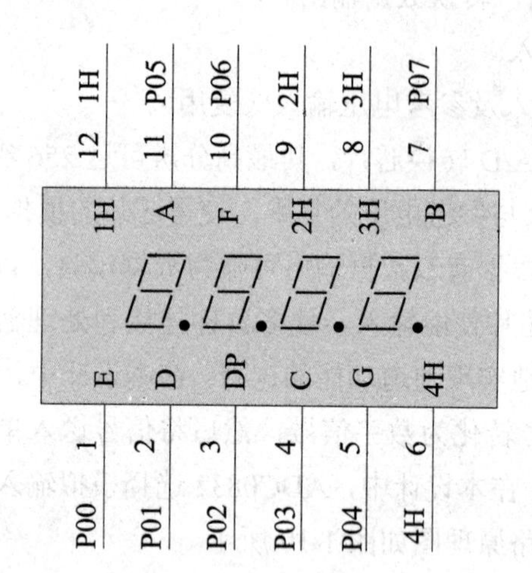

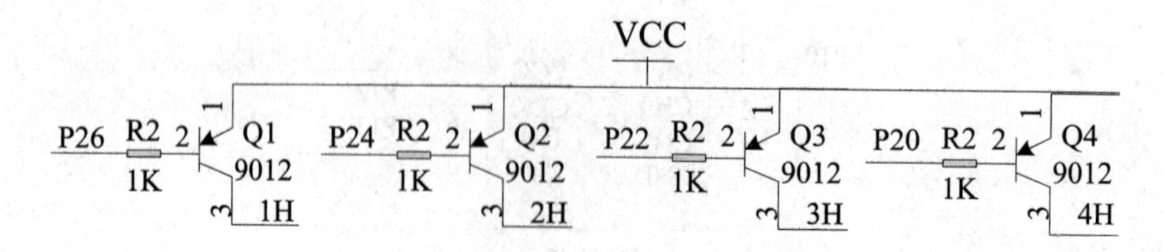

图 1-11　四位共阳数码管驱动电路原理图

1.2.4 自动智能浇花系统软件设计

（一）编程语言选择

由于整个程序比较复杂，且计算量较大，用到了较多的浮点数计算，所以程序的编写采用了 C 语言。对于大多数 51 系列的单片机，使用 C 语言这样的高级语言与使用汇编语言相比具有如下优点。

（1）不需要了解处理器的指令集，也不必了解存储器结构。

（2）寄存器分配和寻址方式由编译器进行管理，编程时不需要考虑存储器的地址和数据类型等细节。

（3）指定操作的变量选择组合提高了程序的可读性。

（4）可使用与人的思维更相近的关键字和操作函数。

（5）与使用汇编语言相比，程序的开发和调试时间大大缩短。

（6）C 语言的库文件提供了许多标准的例程。

（7）通过 C 语言可实现模块化编程技术，从而可将已编制好的程序加到新程序中。

（8）C 语言可移植性好且非常普及，C 语言编译器几乎适用于所有的目标系统，已完成的项目可以很容易的转换到其他的处理器或环境中与汇编语言相比，C 语言在功能上、结构性、可读性、可移植性和可维护性上有明显的优势，易学易用。

（二）运用 Keil C51 软件设计

本系统设计主要采用 Keil C51 软件编写与调试程序，程序语言采取易读性和移植性更高的 C 语言编写。

Keil C51 是美国 Keil Software 公司出品的 51 系列兼容单片机C 语言软件开发系统。Keil 提供了包括 C编译器、宏汇编、链接器、库管理和一个功能强大的仿真调试器等在内的完整开发方案，通过一个集成开发环境（μVision）将这些部分组合在一起。

Keil C51 软件提供丰富的库函数和功能强大的集成开发调试工具，全 Windows 界面。另外，只要看一下编译后生成的汇编代码，就能体会到 Keil C51 生成的目标代码效率非常之高，多数语句生成的汇编代码很紧凑，容易理解。在开发大型软件时，更能体现高级语言的优势。Keil_c 软件界面如图 1-12 所示。系统运行流程图如图 1-13 所示。

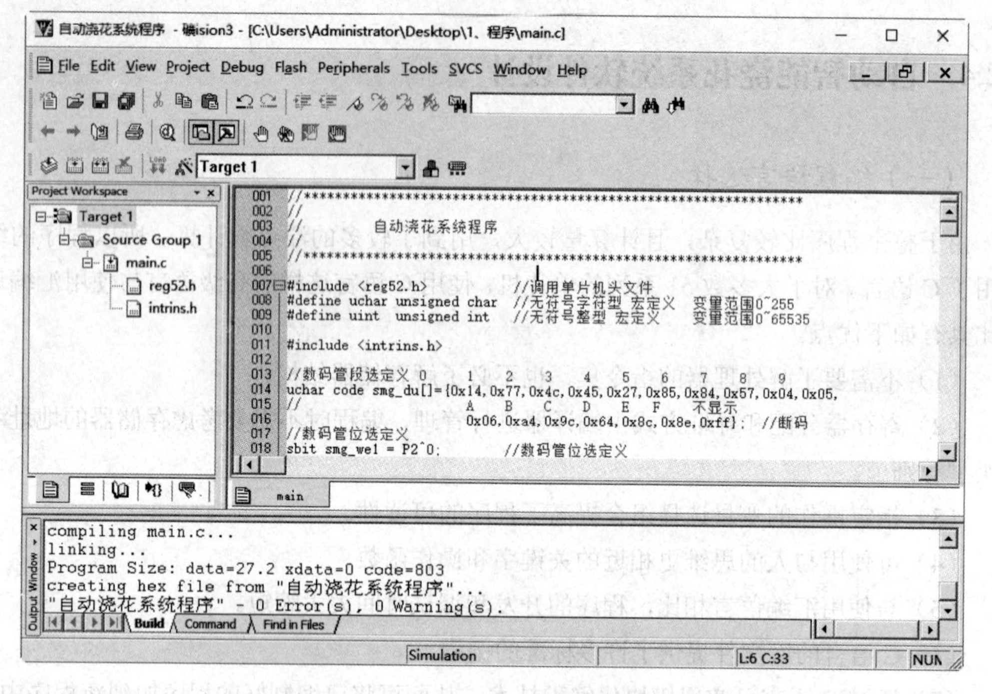

图 1-12 Keil_c 软件界面

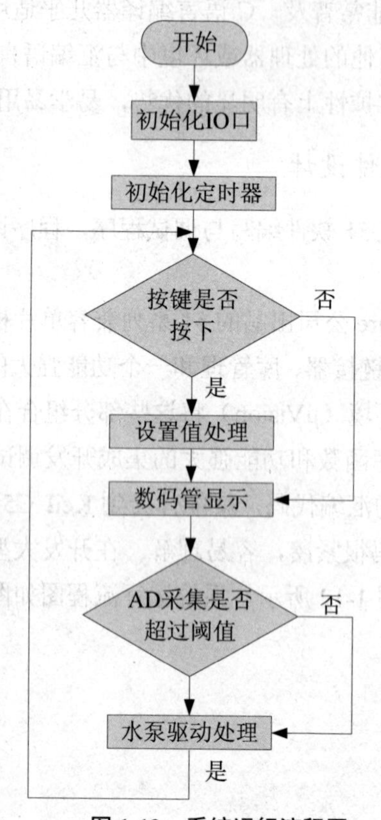

图 1-13 系统运行流程图

（三）系统程序源代码

```
#include <reg52.h>                //用单片机头文件
#define uchar unsigned char       //无符号字符型 宏定义  变量范围 0～255
#define uint   unsigned int       //无符号整型 宏定义   变量范围 0～65535

#include <intrins.h>
//共阳数码管段选      0    1    2     3     4     5    6 7    8   9
uchar code smg_du[]={0xc0, xf9, 0xa4, 0xb0, 0x99, 0x92, 0x82, 0xf8, 0x80,0x90,
                  //      A       b    C      d     E    F     不显示
                      0x88,   0x83, 0xc6, 0xa1, 0x86, 0x8e, 0xff   };  //段码
//数码管位选定义
sbit smg_we1=P2^0;            //数码管位选定义
sbit smg_we2=P2^2;
sbit smg_we3=P2^4;
sbit smg_we4=P2^6;
uchar dis_smg[8] = {0xc0, xf9, 0xa4, 0xb0, 0x99, 0x92, 0x82,};

sbit SCL=P1^2;      //SCL 定义为 P1 口的第 3 位脚，连接 ADC0832SCL 脚
sbit DO=P1^3;       //DO 定义为 P1 口的第 4 位脚，连接 ADC0832DO 脚
sbit CS=P1^0;       //CS 定义为 P1 口的第 4 位脚，连接 ADC0832CS 脚

uchar shidu;        //湿度等级
uchar s_high =70,s_low=25;        //湿度报警参数
sbit dianji = P3^5;               //电机 IO 定义

/**********************1ms 延时函数****************************/
void delay_1ms(uint q)
{
 uint i,j;
 for (i=0;i<q;i++)
       for (j=0;j<120;j++);
}
/**********************数码管位选函数***************************/
void smg_we_switch (uchar i)
```

```
{
 Switch (i)
 {
       case 0: smg_we1 = 0;   smg_we2 = 1; smg_we3 = 1;   smg_we4 = 1; break;
       case 1: smg_we1 = 1;   smg_we2 = 0; smg_we3 = 1;   smg_we4 = 1; break;
       case 2: smg_we1 = 1;   smg_we2 = 1; smg_we3 = 0;   smg_we4 = 1; break;
       case 3: smg_we1 = 1;   smg_we2 = 1; smg_we3 = 1;   smg_we4 = 0; break;
 }
}

uchar flag_200ms;
uchar key_can;              //按键值的变量
uchar menu_1;               //菜单设计的变量
/**********************数码管显示函数**********************/
void display()
{
 static uchar i;
 i++;
 if (i >=4)
       i=0;
 P0=0xff;                   //消隐
 smg_we_switch (i);         //位选
 P0=dis_smg[i];             //段选
//      delay_1ms (1);
}

/***********读数模转换数据*******************************************/
//请先了解 ADC0832 模数转换的串行协议，再来读本函数，主要是对应时序图来理解，
                            //  1  1  0 通道
                            //  1  1  1 通道
unsigned char ad0832read (bit SGL,bit ODD)
{
 unsigned char i=0,value=0,value1=0;
       SCL=0;
       DO=1;
```

```
    CS=0;           //开始
    SCL=1;          //第一个上升沿
    SCL=0;
    DO=SGL;
    SCL=1;          //第二个上升沿
    SCL=0;
    DO=ODD;
    SCL=1;          //第三个上升沿
    SCL=0;          //第三个下降沿
    DO=1;
    For (i=0;i<8;i++)
    {
        SCL=1;
        SCL=0;  //开始从第四个下降沿接收数据
        value=value<<1;
        if (DO)
            value++;
    }
    for (i=0;i<8;i++)
    {                       //接收校验数据
        value1>>=1;
        if (DO)
            value1+=0x80;
        SCL=1;
        SCL=0;
    }
    SCL=1;
    DO=1;
    CS=1;
    if (value==value1)  //与校验数据比较，正确就返回数据，否则返回 0
        return value;
return 0;
}
```

```
/*****************独立按键程序*****************/
uchar key_can;                          //按键值

void key()                              //独立按键程序
{
 static uchar key_new;
 key_can = 20;                          //按键值还原
 P1 |= 0xf0;
 if((P1 & 0xf0) != 0xf0)                //按键按下
 {
     delay_1ms(1);                      //按键消抖动
     if(((P1 & 0xf0) != 0xf0) && (key_new == 1))
     {                                  //确认是按键按下
         key_new = 0;
         switch(P1 & 0xf0)
         {
             case 0x70: key_can = 1; break;       //得到 K2 键值
             case 0xb0: key_can = 2; break;       //得到 K3 键值
             case 0xd0: key_can = 3; break;       //得到 K4 键值
         }
     }
 }
 else
     key_new = 1;
}

/*************按键处理显示函数**************/
void key_with()
{
 if(menu_1 == 0)
 {
     if(key_can == 3)                   //手动打开电机
         dianji = 0;                    //打开电机
     if(key_can == 2)
```

```
            dianji = 1;                         //关闭电机
        }

    if(key_can == 1)                            //设置键
    {
        menu_1 ++;
        if(menu_1 >= 3)
        {
            menu_1 = 0;

        }
    }
    if(menu_1 == 1)                         //设置湿度上限
    {
        if(key_can == 2)
        {
            s_high ++ ;                     //湿度上限值加1
            if(s_high > 99)
                s_high = 99;
        }
        if(key_can == 3)
        {
            s_high -- ;                     //湿度上限值减1
            if(s_high <= s_low)
                s_high = s_low + 1 ;
        }
        dis_smg[0] = smg_du[s_high % 10];           //取个位显示
        dis_smg[1] = smg_du[s_high / 10 % 10];      //取十位显示
        dis_smg[2] = 0xbf;                          //显示数码管中间“-”
        dis_smg[3] = 0x89;                          //显示字母“H”表明湿度偏高


    }
    if(menu_1 == 2)                                 //设置湿度下限
    {
        if(key_can == 2)
```

```
        {
            s_low ++ ;      //湿度下限值加 1
            if(s_low >= s_high)
                s_low = s_high - 1;
        }
        if(key_can == 3)
        {
            s_low --;       //湿度下限值减 1
            if(s_low <= 1)
                s_low = 1;
        }
        dis_smg[0] = smg_du[s_low % 10];         //取个位显示
        dis_smg[1] = smg_du[s_low / 10 % 10];    //取十位显示
        dis_smg[2] = 0xbf;                       //显示数码管中间“-”
        dis_smg[3] = 0xC7;                       //显示字母“L”表明湿度偏低
    }
}
/**************电机控制函数**************/
void dianji_kongzi()
{
    static uchar value,value1;
    if(shidu <= s_low)
    {
        value ++;
        if(value >= 2)
        {
            value = 10;
            dianji = 0;                  //关闭电机
        }
    }
    else
        value = 0;
    if(shidu >= s_high)
    {
        value1 ++;
```

```
        if(value1 >= 2)
        {
            value1 = 10;
            dianji = 1;                     //打开电机
        }
    }else
        value1 = 0;
}

/*************主函数*****************/
void main()
{
 delay_1ms(100);
 P0 = P1 = P2 = P3 = 0xff;                  //初始化 IO 口
 while(1)
 {
        key();                              //独立按键程序
        if(key_can < 10)
        {
            key_with();                     //按键按下要执行的程序
        }
        flag_200ms ++;
        if(flag_200ms >= 200)
        {
            flag_200ms = 0;
            P0 = 0xff;                      //消隐
            if(menu_1 == 0)
            {
                shidu = ad0832read(1,0);                    //读出湿度
                shidu =100-shidu * 99 / 255;
                dis_smg[0] = 0xff;
                dis_smg[1] = smg_du[shidu % 10];            //取湿度的个位显示
                dis_smg[2] = smg_du[shidu / 10 % 10] ;      //取湿度的十位显示
                dis_smg[3] = 0xff;
```

```
            dianji_kongzi();            //电机控制函数
        }

    }
    display();                          //数码管显示函数
    delay_1ms(1);
}
}
```

1.2.5 自动智能浇花系统焊接与调试

（一）电路焊接

手工焊接是常用原始的焊接方法，目前大量工厂焊接的生产基本上不采用原始方法了，但是普通元器件的修理、系统测试中经常使用原始的手工焊接。重要的是如果焊接本质上出现问题，则会影响到整个控制系统。也就是说，焊接不好会导致这个控制系统可不可以用的。手工焊接主要有如下四步组成。

步骤一：开始焊接。

首先把需要焊接的地方打扫干净，主要是去除处油迹和灰尘，再把需要焊接的元器件的两个角向一定的方向掰一掰。但需要注意的是，不能把元器件的脚相交在一起，否则会影响焊接。然后让电烙铁头碰到需要焊接的元器件脚下，放上焊锡丝。但需要注意的是，不能让烙铁头碰到其他元器件的脚，否则会把两个元器件焊接在一起。

步骤二：给焊接升温。

完成第一步以后，接下来就是加热焊锡丝了。这主要是将烧热的电烙铁放在元器件管脚旁边，慢慢融化焊锡丝。需要注意的是电烙铁的温度和加热时间，若时间过长，很有可能焊坏面包板焊盘。一般建议电烙铁温度调整在400℃左右，加热2秒钟左右。另外，要根据元器件种类作出具体区别。在焊接过程中，需要把焊接好的元器件卸下来，也需要给焊接处进行加热，主要操作是首先在焊接处补好焊锡丝，使焊点圆润，然后用电烙铁在焊接处进行加热，在加热过程中，可以直接把元器件卸下来，但一定要注意时间，否则会损坏焊盘。

步骤三：清理焊接面。

完成第二步时，有的时候会观察到焊接的不完美或者出现虚焊情况，这时就需要进行修改。主要有两种情况：第一种是焊锡不够，焊接点不圆润，需要给焊接处补焊锡，需要注意的是，焊锡量不能补多否则容易连接到其他期间的引脚的；第二种是焊锡过多，可以用电烙铁放在焊接处来回滑动，把多余的焊锡带走，否则只能使用吸锡器了。

步骤四：检查焊点。

完成以上三步了，最后就需要整体观察了，主要是观看焊接点是不是圆润、亮度好、紧固，有没有与其他管脚相连在一起。

（二）系统调试

系统在上电调试前，需要观察下焊接的系统还存在哪些问题。例如，显眼的断裂，正负极是否接反，以及相连、虚焊等；再用万用表检测电源正负极之间是否存在短路等严重的电源问题，最终保证系统运行没有问题。

1．系统程序调试

（1）在 Keil 软件中创建一个工程：单击菜单栏中的“工程”，输入新建工程名，并保存；在器件“Atmel”目录下的选择“AT89C52”。

（2）新建用户源文件：在新建的空白文本中编写程序源代码，编码完成后保存文件，文件扩展名为“***.c”，新文件创建完成。

（3）程序编译和调试：单击编译按钮，系统会对文件进行运行。在输出窗口中，可看到提示信息，如图 1-14 所示，有一个“Error”，按提示找出错误并进行改正，直到提示信息无错误。

```
Build Output
Rebuild target 'Target 1'
assembling STARTUP.A51...
compiling main.c...
linking...
Program Size: data=27.2 xdata=0 code=892
creating hex file from "89c51"...
"89c51" - 0 Error(s), 0 Warning(s).
Build Time Elapsed:  00:00:03
```

图 1-14　提示信息无错误

（4）程序编译无错误后，进入程序调试状态，可查看单片机资源状态，运用断点等方式调试。

2．硬件测试

硬件整体测试，是运用万用表、直流电源和示波器对焊接好的板子进行整体调试，主要检查每一个器件是不是都正常工作。它主要分为动态调试和静态调试两个环节。其中，静态调试主要分为以下四种。

（1）肉眼观察。这主要观看焊接点是否圆润，以及相连器件之间是否相连或者器件管脚没有焊接好，出现短路现象。

（2）使用万用表调试。首先观看电源是否短路，然后测量管脚是否连接正确，有没有接线错误。

（3）上电检查。这主要观看每个器件是否正常工作，然后逐一测试功能。

（4）综合检查测试。这种测试方法只适合单片机开发板开发的系统，本文不适宜用这种方法测试。

动态调试主要是在静态调试没有任何问题之后，做最后一步检查。检查每个器件能否正常工作，能否满足系统开发的功能，防止器件内部损坏，影响系统性能。

1.2.6 实物测试

系统测试如图 1-15 所示。

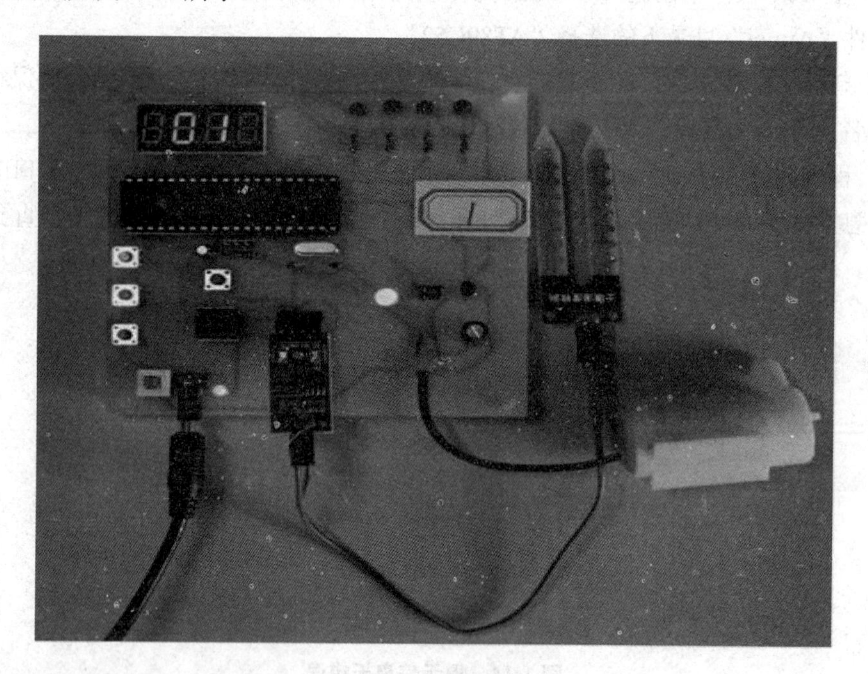

图 1-15　系统测试

作品展示、自评与互评

（一）作品展示

1. 系统主控板原理图

系统主控板原理图如图 1-16 所示。

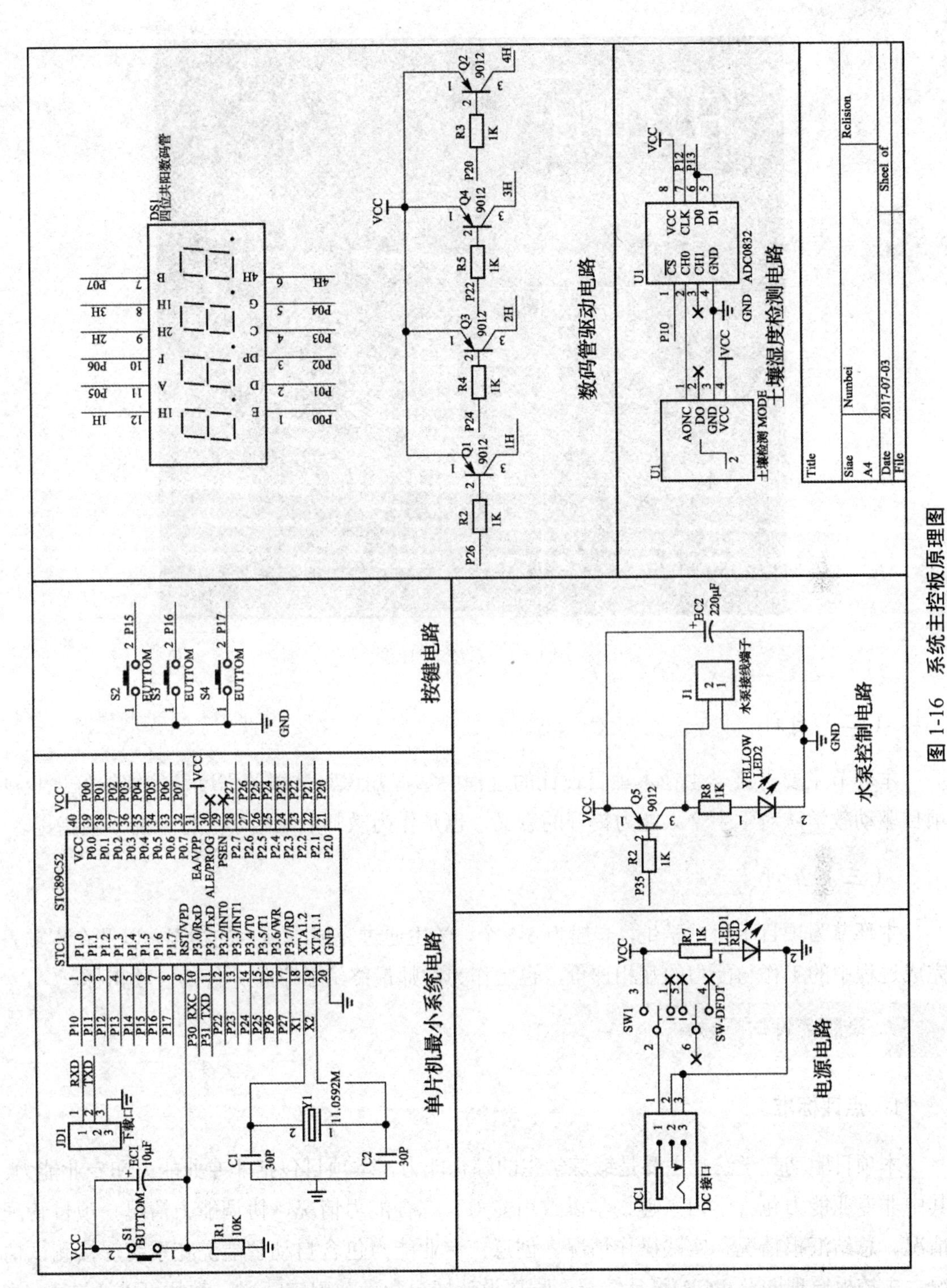

图 1-16　系统主控板原理图

2．系统 PCB 图

系统 PCB 图如图 1-17 所示。

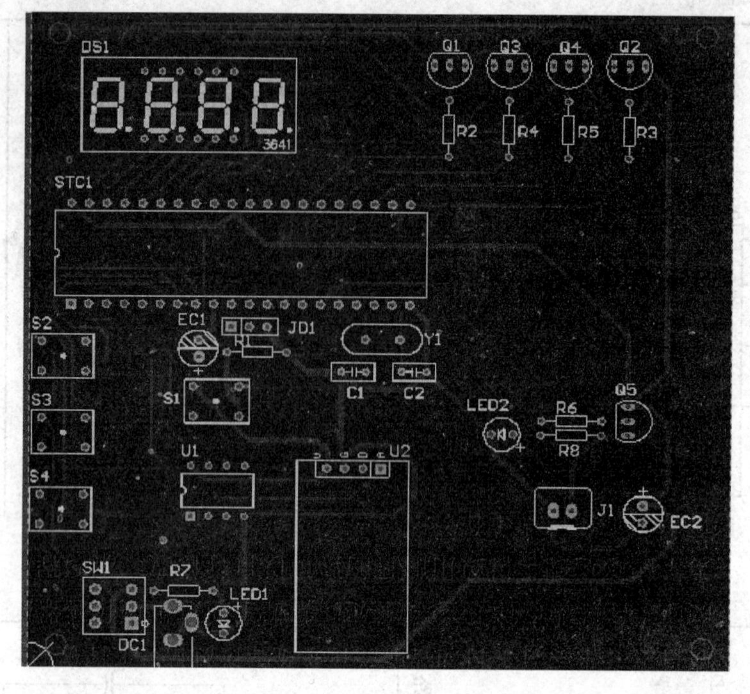

图 1-17　系统 PCB 图

（二）自评

本环节主要考查学生在本项目设计的过程中掌握知识与技能的程度，能够较好地反映项目驱动教学法对学生个人能力提升的意义，也是作为教师后续给学生打分的一项指标。

（三）互评

本环节为项目小组的学生，一般为 3-5 个，学生通过完成本项目的情况，以及在本项目完成过程中的工作与能力的互相评价，也是作为教师最终给予学生评价的一项指标。

教师点评与拓展

1. 点评标准

本项目驱动教学法，主要是锻炼学生的综合能力，本项目包括非专业能力和专业能力。其中非专业能力包含学习兴趣、学以致用能力、综合能力情况、协调能力情况、项目管理情况、总结汇报情况、实践操作情况、创意；专业能力包含自动智能浇花系统焊接测试情况、主控板原理图及 PCB 设计情况、程序设计情况和参数整定情况。教师可以通过表 1-5 大致可以给学生一个客观的评价，本项目驱动教学法得分情况能比较真实地反映学生真正的能力情况，较以往的以考试分数评价学生比较符合当今社会对人才的评价。

表 1-5　本项目教师评分标准

序号	项目	分值
非专业能力得分		
1	学习兴趣	5
2	学以致用情况	5
3	综合能力情况	5
4	协调能力情况	5
5	项目管理情况	5
6	总结汇报情况	5
7	实践操作情况	15
8	创意	5
专业能力得分		
9	自动智能浇花系统焊接测试情况	5
10	主控板原理图及 PCB 设计情况	15
11	程序设计情况	15
12	参数整定情况	5
自评与互评得分		
13	自评	5
14	互评	5
总得分		

2．分析布置拓展的知识与技能

学生通过本项目，主要学习了自动智能浇花系统焊接测试、主控板原理图设计、PCB 电路设计、程序设计（含算法设计）、参数整定，掌握了通过土壤传感器感应土壤湿度来控制水泵工作，为了能够达到学以致用的目的，可以自行修改、编写程序，让自动智能浇花系统按学生自定的工作模式工作。

温度显示系统设计

本项目为设计一个可以报警的智能温度显示系统。该系统由单片机最小系统、数码管显示电路、蜂鸣报警电路、复位电路、功能按键电路等组成。系统上电后开始工作，可通过功能按键设置好运行模式，启动运行后数字温度传感器 DS18B20 不断采集温度数据，并送给单片机处理，单片机将系统设置数据与当前温度传感器 DS18B20 采集的温度传感器数据进行对比，决定是否报警。

本项目采用 STC89C52RC 单片机作为主控制器，显示器件采样四位一体共阳数码管，使用 8550 三极管驱动，采用无源蜂鸣器作为报警装置，温度传感器采用数字输出形式的 DS18B20，较传统模拟输出方便很多。

本项目主要实现：实时温度测量及显示，超出温度范围声光报警，上下限温度可通过按键设定等功能。

（1）本数字温度报警器是基于 51 单片机及温度传感器 DS18B20 来设计的。

（2）温度测量范围 0 到 99.9 摄氏度，精度为 0.1 摄氏度，可见测量温度的范围广，精度高的特点。

（3）可设置上下限报警温度（通过程序可以更改上下限值）。报警值可设置范围，可以关闭下限报警功能。

本温度显示系统包含硬件设计部分与软件设计部分，硬件设计部分主要涵盖的知识技能有：模拟电子技术、数字电子技术、信号处理、印刷电路板设计、单片机、传感器等；软件设计部分主要涵盖的知识技能有：C 语言程序设计、传感器信息采集、数码管显示驱动等。

该温度显示系统工作原理如下。

（1）供电环节：系统由稳压电源供电，输入为交流 220 V，输出为直流 5 V，可直接将稳压电源输出端口与电路板上的 DC 电源插座相连接。

（2）功能选择环节：通过功能按键设置好温度采集模式。

（3）数据采集环节：通过数字温度 DS18B20 采集温度数据，并将其送给单片机处理。

（4）显示环节：单片机将采集到的温度数据输出到共阳极数码管上进行显示。

项目任务

（1）设计温度采集系统主控板硬件电路。

（2）将元器件焊接到万能板或热转印电路板上。

（3）设计对应的温度采集程序、温度显示程序等。

温度采集系统主控板硬件电路图如图 2-1 所示。

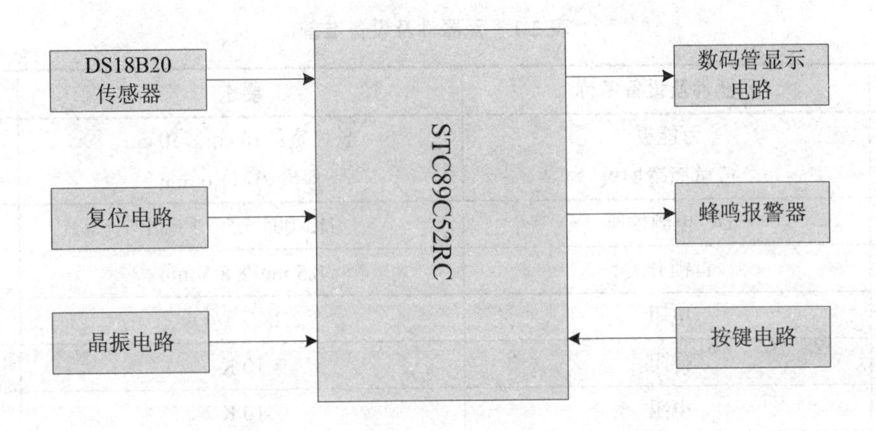

图 2-1　温度采集系统主控板硬件电路

项目目标

（1）通过制作温度显示系统，提高学生动手能力。

（2）通过设计主控板硬件电路，加强学生对模拟电子技术、数字电子技术、印刷电路板设计等知识的理解，掌握电路板布局的技巧，提高硬件设计能力。

（3）通过对该控制系统的编程，使学生深入掌握 C 语言、传感器、单片机、数码管驱动程序设计等知识，提高学生将理论知识应用工程实践的能力。

（4）通过该项目，使学生掌握数字温度传感器 DS18B20 工作原理及数据采集程序编写方法。

（5）通过该项目的设计，使学生掌握工程设计的一般流程与思想方法。

项目实施

1．理论支撑

为了能够顺利的完成本项目，在实践之前应该查阅有关模拟电子技术、数字电子技术、印刷电路板设计、DS18B20 数字温度传感器、单片机、C 语言、共阳极数码管、自动控制原理等知识。

2. 操作实践

（1）识图，了解结构及原理。

（2）各小组分析、讨论并制定实施方案。

（3）参考工艺。

（4）结合方案合理准备元器件及设备、材料、工具和量具，分别如表2-1～表2-4所示。

表2-1 元器件及设备准备

序号	元器件及设备名称	要求	数量
1	万能板 或单面覆铜板	长×宽：10 cm×10 cm 厚度为：1.6 mm	1块
2	DC电源插座	DC-005 5.5-2.1 mm	1个
3	自锁开关	8.5 mm×8.5 mm	1个
4	电阻	2.2K，1/4 w	6
5	排阻	10 K	1
6	电阻	10 K	2
7	电容	10 μF	1
8	轻触按键	6 mm×6 mm	4
9	STC89C52单片机	DIP40	1
10	IC座	DIP40	1
11	温度传感器	DS18B20	1
12	晶振	12 M	1
13	电容	22 pF	2
14	三极管	8550	5
15	红色LED	3 mm	1
16	蜂鸣器	无源	1
17	四位一体数码管	共阳	1

表2-2 材料准备

序号	材料名称	要求	数量
1	杜邦线	20 cm长	10根
2	细导线	线号：30AWG铜芯，外径：0.55～0.58 mm	2米
3	焊锡丝	直径0.8 mm	1卷
4	焊锡膏	金鸡牌	1瓶

续表 2-2

序号	材料名称	要求	数量
5	热转印纸	A4	2 张
6	覆铜板腐蚀液	三氯化铁	1 瓶
7	胶带	无	1 卷

表 2-3　工具准备

序号	工具名称	要求	数量
1	电烙铁	35 W	1 把
2	热转印机	300 W	1 台
3	台钻	配 0.8 mm、1 mm 钻头	1 台
4	美工刀	无	1 把
5	剥线钳	无	1 把
6	螺丝刀	小型一字，十字	各 1 把
7	斜口钳	无	1 把
8	台钻	配 0.8 mm、1 mm 钻头	1 台
9	钢锯	无	1 把

表 2-4　量具准备

序号	量具名称	要求	数量
1	卷尺	量程：3 m	1 把
2	毫米刻度尺	量程：30 cm	1 把
3	万用表	数字式	1 台

组织实施

2.1　温度显示系统的原理图设计与 PCB 设计

2.1.1　系统总体原理图

系统总体原理图如图 2-2 所示。

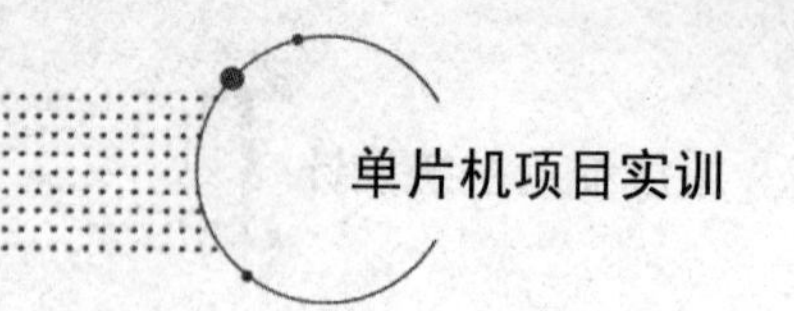

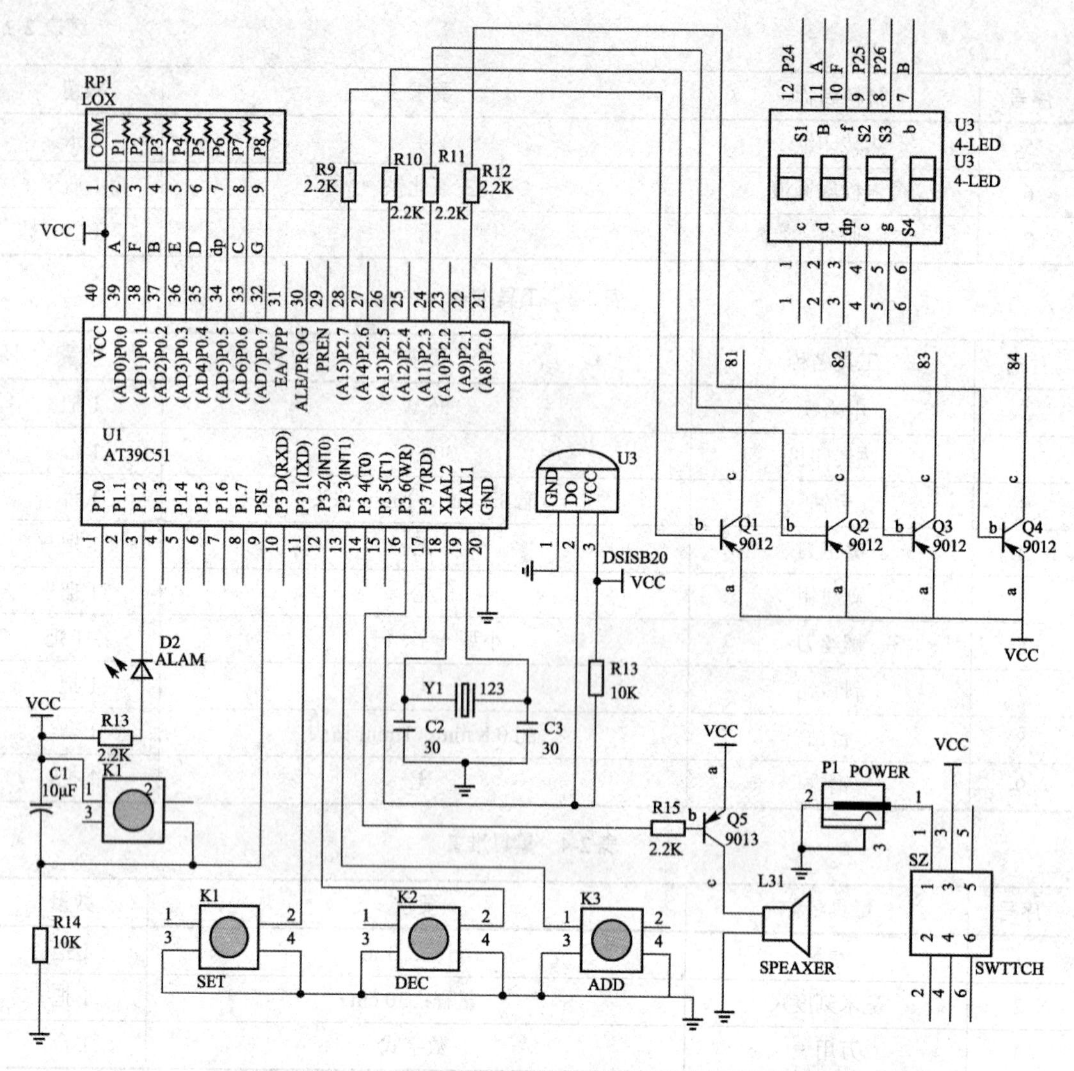

图 2-2　系统总体原理图

2.1.2　系统总体 PCB 图

系统总体 PCB 图如图 2-3 所示。

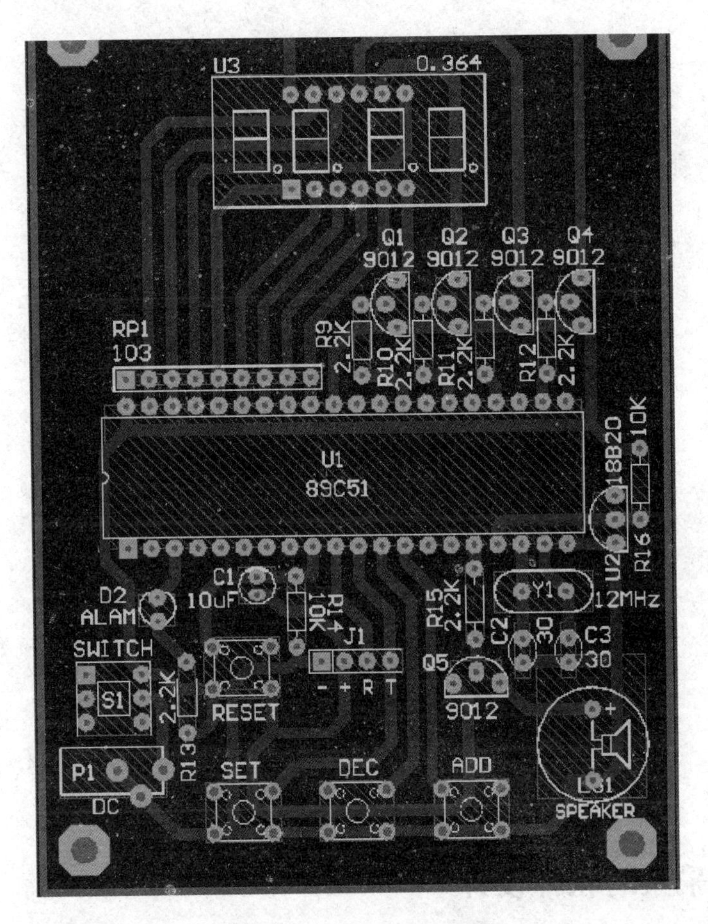

图 2-3　系统总体 PCB 图

注：本部分硬件知识与项目三硬件部分知识一致，各硬件模块电路工作原理在此不作详细介绍，可直接参考项目三相关内容。

2.2　温度显示系统的程序设计

2.2.1　主程序软件设计

通过上述原理，对温度显示系统整体运行环境有了比较充分的认识，可以通过绘制主程序和子程序流程图，利用 Keil 软件，来对单片机进行编程。主程序功能流程图如图 2-4 所示。

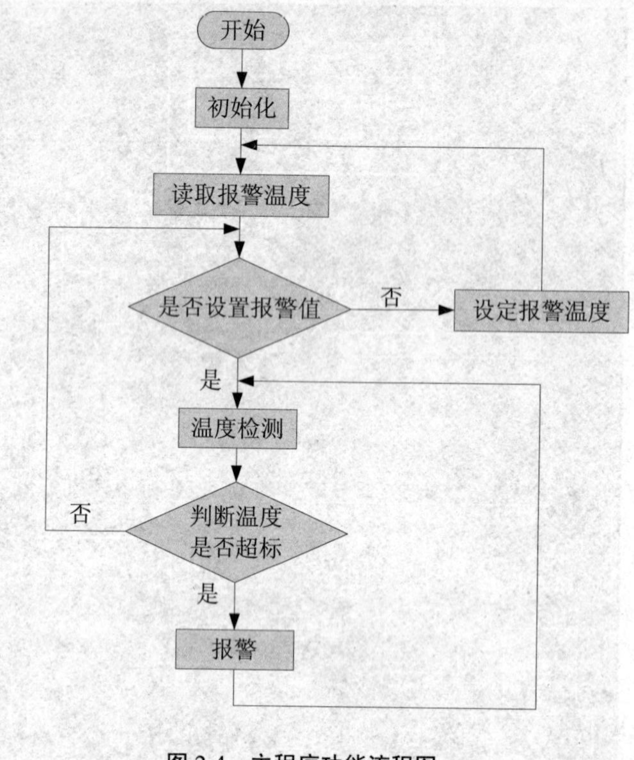

图 2-4　主程序功能流程图

2.2.2　温度采集的软件设计

如图 2-5 所示为温度采集软件设计流程图。其主要功能是完成 DS18B20 的初始化工作，进行读温度，将温度转化成为压缩 BCD 码，并在显示器上显示传感器所测得的实际温度。读出温度子程序的主要功能是读出 RAM 中的 9 字节，在读出时需要进行 CRC 校验，校验有错时不进行温度数据的改写。

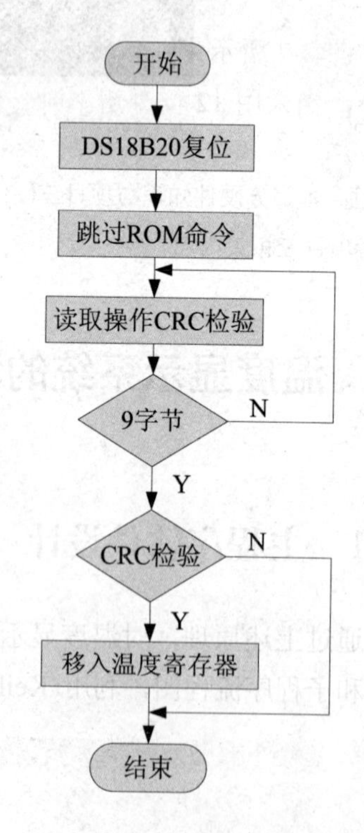

图 2-5　温度采集软件设计流程图

2.2.3　温度采集算法软件设计

如图 2-6 所示为温度采集算法流程图。计算温度子程序将 RAM 中读取值进行 BCD 码的转换运算，并进行温度值正负的判定。

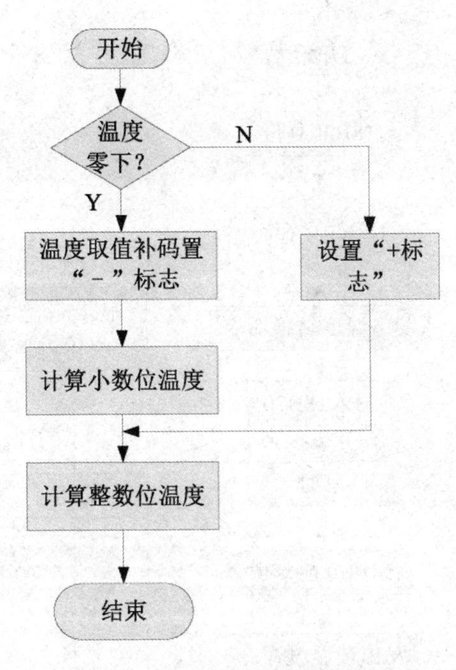

图 2-6　温度采集算法流程图

2.2.4　温度转换命令子程序软件设计

如图 2-7 所示为温度转换命令子程序流程图。温度转换命令子程序主要是发温度转换开始命令，当采用 12 位分辨率时转换时间约为 750 ms，在本程序设计中采用 1s 显示程序延时法等待转换的完成。

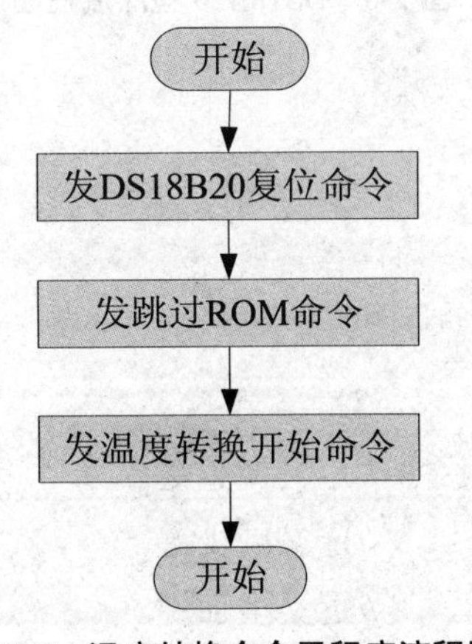

图 2-7　温度转换命令子程序流程图

2.2.5　DS18B20 程序流程图

DS18B20 程序流程图如图 2-8 所示。

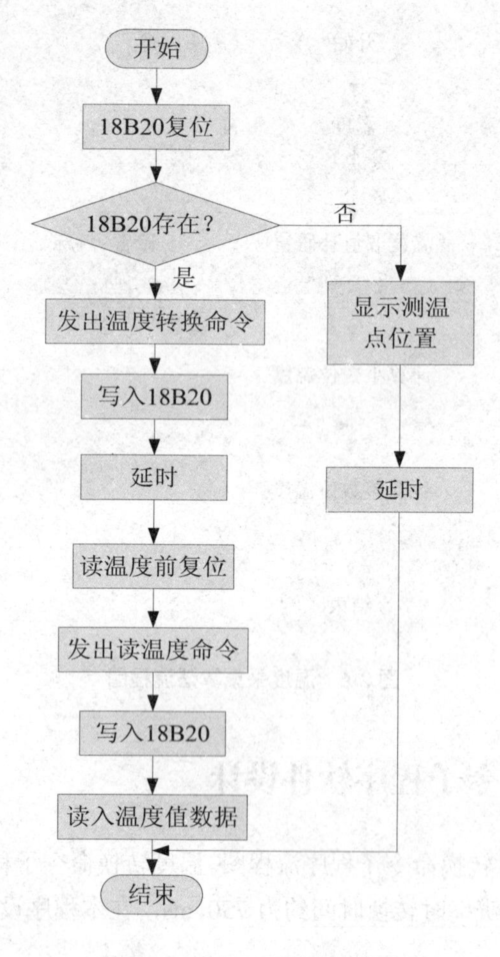

图 2-8　DS18B20 程序流程图

2.2.6　系统总体程序

```
#include <reg51.h>
#define uint unsigned int
#define uchar unsigned char          //宏定义
#define SET     P3_1                 //定义调整键
#define DEC    P3_2                  //定义减少键
#define ADD    P3_3                  //定义增加键
#define BEEP    P3_6                 //定义蜂鸣器
#define ALAM P1_2                    //定义灯光报警
#define DQ      P3_7                 //定义 DS18B20 总线 I/O
bit shanshuo_st;                     //闪烁间隔标志
```

```
bit beep_st;                          //蜂鸣器间隔标志
sbit DIAN = P0^5;                     //小数点
uchar x=0;                            //计数器
signed char m;                        //温度值全局变量
uchar n;                              //温度值全局变量
uchar set_st=0;                       //状态标志
signed char shangxian=38;             //上限报警温度，默认值为 38
signed char xiaxian=5;                //下限报警温度，默认值为 38
uchar code   LEDData[]={0x5F,0x44,0x9D,0xD5,0xC6,0xD3,0xDB,0x47,0xDF,0xD7,
0xCF,0xDA,0x9B,0xDC,0x9B,0x8B};
//=========================================
//======================DS18B20========
//=========================================
/*****延时子函数*****/
void Delay_DS18B20(int num)
{
  while(num--);
}
/*****初始化 DS18B20*****/
void Init_DS18B20(void)
{
  unsigned char x=0;
  DQ = 1;                             //DQ 复位
  Delay_DS18B20(8);                   //稍做延时
  DQ = 0;                             //单片机将 DQ 拉低
  Delay_DS18B20(80);                  //精确延时，大于 480μs
  DQ = 1;                             //拉高总线
  Delay_DS18B20(14);
  x = DQ;          //稍做延时后，如果 x=0 则初始化成功，x=1 则初始化失败。
  Delay_DS18B20(20);
}
/*****读一个字节*****/
unsigned char ReadOneChar(void)
{
  unsigned char i=0;
```

```
    unsigned char dat = 0;
    for (i=8;i>0;i--)
    {
      DQ = 0;                // 给脉冲信号
      dat>>=1;
      DQ = 1;                // 给脉冲信号
      if(DQ)
      dat|=0x80;
      Delay_DS18B20(4);
    }
    return(dat);
}
/*****写一个字节*****/
void WriteOneChar(unsigned char dat)
{
    unsigned char i=0;
    for (i=8; i>0; i--)
    {
      DQ = 0;
      DQ = dat&0x01;
      Delay_DS18B20(5);
      DQ = 1;
      dat>>=1;
    }
}
/*****读取温度*****/
unsigned int ReadTemperature(void)
{
    unsigned char a=0;
    unsigned char b=0;
    unsigned int t=0;
    float tt=0;
    Init_DS18B20( );
    WriteOneChar(0xCC);              //跳过读序号列号的操作
```

```
    WriteOneChar(0x44);             //启动温度转换
    Init_DS18B20( );
    WriteOneChar(0xCC);             //跳过读序号列号的操作
    WriteOneChar(0xBE);             //读取温度寄存器
    a=ReadOneChar( );               //读低 8 位
    b=ReadOneChar( );               //读高 8 位
    t=b;                            //高 8 位转移到 t
    t<<=8;                          //t 数据左移 8 位
    t=t|a;                          //将 t 和 a 按位或，得到一个 16 位的数
    tt=t*0.0625;      //将 t 乘以 0.0625 得到实际温度值（温度传感器设置 12 位精度，最
小分辨率是 0.0625）
    t= tt*10+0.5;     //放大 10 倍（将小数点后一位显示出来）输出并四舍五入
    return(t);                      //返回温度值
  }
  //=============================================//======================
  /****延时子函数*****/
  void Delay(uint num)
  {
   while(--num);
  }
  /*****初始化定时器 0*****/
  void InitTimer(void)
  {
      TMOD=0x1;
      TH0=0x3c;
      TL0=0xb0;          //50ms（晶振 12M）
  }

  /*****读取温度 È*****/
  void check_wendu(void)
  {
      uint a,b,c;
      c=ReadTemperature( );             //获取温度值
      a=c/100;                          //计算得到十位数字
```

```
        b=c/10-a*10;                      //计算得到个位数字
        m=c/10;                           //计算得到整数位
        n=c-a*100-b*10;                   //计算得到小数位
        if (m<0) {m=0;n=0;}               //设置温度显示上限
        if (m>99) {m=99;n=9;}             设置温度显示上限
    }
/****显示开机初始化等待画面*****/
void Disp_init(void)
{
        P0 =  ～0x80;                     //显示----
        P2 = 0x7F;
        Delay(200);
        P2 = 0xDF;
        Delay(200);
        P2 = 0xF7;
        Delay(200);
        P2 = 0xFD;
        Delay(200);
        P2 = 0xFF;                        //关闭显示
}
/****显示温度子程序*****/
void Disp_Temperature(void)               //显示温度
{
        P0 =  ～0x98;                     //显示 C
        P2 = 0x7F;
        Delay(100);
        P2=0xff;
        P0=～LEDData[n];                  //显示个位
        P2 = 0xDF;
        Delay(100);
        P2=0xff;
        P0 =～LEDData[m%10];              //显示十位
        DIAN = 0;                         //显示小数点
        P2 = 0xF7;
        Delay(100);
```

```
    P2=0xff;
    P0 =～LEDData[m/10];              //显示十位
    P2 = 0xFD;
    Delay(100);
    P2 = 0xff;                        //关闭显示
}
/****显示报警温度子程序*****/
void Disp_alarm(uchar baojing)
{
    P0 =～0x98;                       //显示 C
    P2 = 0x7F;
    Delay(100);
    P2=0xff;
    P0 =～LEDData[baojing%10];        //显示十位
    P2 = 0xDF;
    Delay(100);
    P2=0xff;
    P0 =～LEDData[baojing/10];        //显示百位
    P2 = 0xF7;
    Delay(100);
    P2=0xff;
    if(set_st==1)P0 =～0xCE;
    else if(set_st==2)P0 =～0x1A;     //上限 H、下限 L 标示
    P2 = 0xFD;
    Delay(100);
    P2 = 0xff;                        //关闭显示
}
/*****报警子程序*****/
void Alarm()
{
    if(x>=10){beep_st=～beep_st;x=0;}
    if((m>=shangxian&&beep_st==1)||(m<xiaxian&&beep_st==1))
    {
        BEEP=0;
        ALAM=0;
```

```
    }
    else
    {
        BEEP=1;
        ALAM=1;
    }
}
/*****主函数*****/
void main(void)
{
 uint z;
 InitTimer();           //初始化定时器
 EA=1;                  //全局中断开关
 TR0=1;
 ET0=1;                 //开启定时器 0
 IT0=1;
 IT1=1;
 check_wendu();
 check_wendu();
 for(z=0;z<300;z++)
  {
     Disp_init();
  }
 while(1)
  {
     if(SET==0)
     {
        Delay(2000);
        do{}while(SET==0);
        set_st++;x=0;shanshuo_st=1;
        if(set_st>2)set_st=0;
     }
     if(set_st==0)
     {
```

```
            EX0=0;          //关闭外部中断 0
            EX1=0;          //关闭外部中断 1
            check_wendu();
            Disp_Temperature();
            Alarm();        //报警检测
        }
        else if(set_st==1)
        {
            BEEP=1;         //关闭蜂鸣器
            ALAM=1;
            EX0=1;          //开启外部中断 0
            EX1=1;          //开启外部中断 1
            if(x>=10){shanshuo_st=~shanshuo_st;x=0;}
            if(shanshuo_st) {Disp_alarm(shangxian);}
        }
        else if(set_st==2)
        {
            BEEP=1;         //关闭蜂鸣器
            ALAM=1;
            EX0=1;          //开启外部中断 0
            EX1=1;          //开启外部中断 1
            if(x>=10){shanshuo_st=~shanshuo_st;x=0;}
            if(shanshuo_st) {Disp_alarm(xiaxian);}
        }
    }
}
/*****定时器 0 中断服务程序 *****/
void timer0(void) interrupt 1
{
 TH0=0x3c;
 TL0=0xb0;
 x++;
}
/*****外部中断 0 服务程序*****/
void int0(void) interrupt 0
```

```
{
  EX0=0;                    //关外部中断 0
  if(DEC==0&&set_st==1)
  {
      do{
            Disp_alarm(shangxian);
         }
      while(DEC==0);
      shangxian--;
      if(shangxian<xiaxian)shangxian=xiaxian;
  }
  else if(DEC==0&&set_st==2)
  {
      do{
            Disp_alarm(xiaxian);
         }
      while(DEC==0);
      xiaxian--;
      if(xiaxian<0)xiaxian=0;
  }
}
/*****外部中断 1 服务程序*****/
void int1(void) interrupt 2
{
  EX1=0;                    //关外部中断 1
  if(ADD==0&&set_st==1)
  {
      do{
            Disp_alarm(shangxian);
         }
      while(ADD==0);
      shangxian++;
      if(shangxian>99)shangxian=99;
  }
```

```
else if(ADD==0&&set_st==2)
{
    do{
        Disp_alarm(xiaxian);
      }
    while(ADD==0);
    xiaxian++;
    if(xiaxian>shangxian)xiaxian=shangxian;
 }
}
```

作品展示、自评与互评

（一）作品展示

热转印实物正面如图 2-9 所示。

图 2-9　热转印实物正面

（二）自评

本环节主要考查学生在本项目设计的过程中掌握知识与技能的程度，能够较好地反映项目驱动教学法对学生个人能力提升的意义，也是作为教师后续给学生打分的一项指标。

（三）互评

本环节为项目小组的学生，一般为 3～5 个，学生通过完成本项目的情况，以及在本项目完成过程中的工作与能力的互相评价，也是作为教师最终给予学生评价的一项指标。

教师点评与拓展

1．点评标准

由于本项目驱动教学，主要是锻炼学生的综合能力，本项目包括非专业能力及专业能力，其中非专业能力包含：兴趣、学以致用能力、综合能力、协调能力、项目管理能力、总结汇报能力、实践操作能力；专业能力包含：主控板 PCB 设计能力、程序设计能力、数据处理能力，综合评分可以参考小组的自评与互评情况。教师可以通过表 2-5 大致可以给学生一个客观的评价，本方法得分情况能比较真实的反应学生真正的能力情况，较以往的以考试分数评价学生比较符合当今社会对人才的评价。

表 2-5　本项目教师评分标准

序号	项目	分值
非专业能力得分		
1	学习兴趣	5
2	学以致用情况	5
3	综合能力情况	5
4	协调能力情况	5
5	项目管理情况	5
6	总结汇报情况	5
7	实践操作情况	15
8	创意	5
专业能力得分		
9	温度显示系统制作得分	5
10	主控板 PCB 设计情况得分	15
11	温度采集及显示程序设计得分	15
12	系统调试得分	5
自评与互评得分		
13	自评	5
14	互评	5
总得分		

2．分析布置拓展的知识与技能

学生通过本项目，学习了主控板原理图及 PCB 电路设计、热转印 PCB 制作方法、程序设计（含算法设计）、硬件焊接与测试，理解了温度传感器 DS18B20 的工作原理，掌握了温度采集系统软硬件设计方法，为了能够达到学以致用的目的，可以自行编写程序，让温度值以不同的方式进行显示。

项目3 智能温度控制风扇系统设计

项目描述

本项目为设计一个可以报警的智能温度显示系统，该系统由单片机最小系统、数码管显示电路、蜂鸣报警电路、复位电路、功能按键电路等组成。系统上电后开始工作，可通过功能按键设置好运行模式，启动运行后数字温度传感器DS18B20不断采集温度数据，并送给单片机处理，单片机将系统设置数据与当前温度传感器DS18B20采集的温度传感器数据进行对比，决定是否报警。

本项目采用STC89C52RC单片机作为主控制器，显示器件采样四位一体共阳数码管，使用8550三极管驱动，采样无源蜂鸣器作为报警装置，温度传感器采用数字输出形式的DS18B20，较传统模拟输出方便很多。

本项目设计意义：生活中，我们经常会使用一些与温度有关的设备。比如，现在虽然不少城市家庭用上了空调，但在农村地区依旧使用电风扇作为降温防暑设备，春夏（夏秋）交替时节，白天温度依旧很高，电风扇应高转速、大风量，使人凉爽；到了晚上，气温降低，当人入睡后，应该逐步减小转速，以免感冒。虽然电风扇都有调节不同档位的功能，但必须要手动换档，而电风扇普遍采用的是定时器关闭的做法，但由于定时时间长短有限制，一般是一两个小时，这会出现可能在一两个小时后气温依旧没有降低很多，而电风扇就关闭了，使人在睡梦中热醒而不得不起床重新打开电风扇，增加定时器时间，非常麻烦，而且可能多次定时后最后一次定时时间太长，在温度降低以后电风扇依旧继续吹风，使人感冒。还有简单的到了定时时间就关闭电风扇电源的单一功能，不能满足气温变化对电风扇风速大小的不同要求。又比如在较大功率的电子产品散热方面，现在绝大多数都采用了风冷系统，利用风扇引起空气流动，带走热量，使电子产品不至于发热烧坏。要使电子产品保持较低的温度，必须用大功率、高转速、大风量的风扇，而风扇的噪音与其功率成正比。如果要低噪音，则要减小风扇转速，又会引起电子设备温度上升，不能两全其美。为解决上述问题，我们设计了一个智能温度控制风扇系统。本系统采用高精度集成温度传感器，用单片机控制，能显示实时温度，并根据使用者设定的温度自动在相应温度时作出小风、大风、停机动作，精确度高，动作准确。

本温度显示系统包含硬件设计部分与软件设计部分，硬件设计部分主要涵盖的知识技能有：模拟电子技术、数字电子技术、信号处理、印刷电路板设计、单片机、传感器、风扇驱动电路等；软件设计部分主要涵盖的知识技能有：C 语言程序设计、传感器信息采集、数码管显示驱动、风扇驱动等。

智能温度控制风扇系统工作原理如下。

（1）供电环节：系统由稳压电源供电，输入为交流 220 V，输出为直流 5 V，可直接将稳压电源输出端口与电路板上的 DC 电源插座相连接。

（2）功能选择环节：通过功能按键“+”“-”设置好低温报警值与高温报警值，此后让其进入正常温度显示模式。

（3）数据采集环节：通过数字温度 DS18B20 采集温度数据，并将其送给单片机处理。

（4）显示环节：单片机将采集到的温度数据输出到共阳极数码管上进行显示。

（5）风扇工作环节：当温度高于上限报警值启动风扇全速工作，当温度在上限温度到下限温度之间启动 50%的转速运转，温度低于下限时停止运转。

项目任务

（1）设计温度采集系统主控板硬件电路。

（2）将元器件焊接到万能板或热转印电路板上。

（3）设计对应的温度采集程序、温度显示程序、风扇控制程序、按键功能选择程序等。

项目目标

（1）通过制作温度显示系统，提高学生动手能力。

（2）通过设计主控板硬件电路，加强学生对模拟电子技术、数字电子技术、印刷电路板设计等知识的理解，掌握电路板布局的技巧，提高硬件设计能力。

（3）通过对该控制系统的编程，使学生深入掌握 C 语言、传感器、单片机、数码管驱动程序设计、风扇驱动程序设计、按键功能选择程序等知识，提高学生将理论知识应用工程实践的能力。

（4）通过该完成该项目，使学生掌握数字温度传感器 DS18B20 工作原理及数据采集程序编写方法。

（5）通过该项目的设计，使学生掌握工程设计的一般流程与思想方法。

项目实施

1．理论支撑

为了能够顺利的完成本项目，在实践之前应该查阅有关模拟电子技术、数字电子技术、印刷电路板设计、DS18B20 数字温度传感器、单片机、C 语言、共阳极数码管、风扇控制原理、自动控制原理等知识。

2．操作实践

（1）识图，了解结构及原理。

（2）各小组分析、讨论并制定实施方案。

（3）参考工艺。

（4）结合方案合理准备元器件及设备、材料、工具和量具，分别如表 3-1～表 3-4 所示。

表 3-1　元器件及设备准备

序号	元器件及设备名称	要求	数量
1	万能板 或单面覆铜板	长×宽：10 cm×10 cm 厚度为：1.6 mm	1 块
2	DC 电源插座	DC-005 5.5-2.1 mm	1 个
3	自锁开关	8.5 mm×8.5 mm	1 个
4	电阻	2.2K，1/4 w	6
5	排阻	10 K	1
6	电阻	10 K	3
7	电阻	1 k	2
8	电容	10 μF	1
9	轻触按键	6 mm×6 mm	3
10	STC89C52 单片机	DIP40	1
11	IC 座	DIP40	1
12	IC 座	DIP20	1
13	风扇	DC5V	1
14	温度传感器	DS18B20	1
15	晶振	12 M	1
16	电容	22 pF	2
17	三极管	8550	2
18	红色 LED	3 mm	1
19	蜂鸣器	无源	1
20	四位一体数码管	共阴（0.56 英寸）	1
21	74HC573	DIP20	1
22	单排排针	2.54 mm 间隔	3p
23	电源线或电池盒＋DC 电源插头	3 节电池盒	1

表 3-2　材料准备

序号	材料名称	要求	数量
1	杜邦线	20 cm 长	10 根
2	细导线	线号：30AWG 铜芯，外径：0.55～0.58 mm	2m
3	焊锡丝	直径 0.8 mm	1 卷
4	焊锡膏	金鸡牌	1 瓶
5	热转印纸	A4	2 张
6	覆铜板腐蚀液	三氯化铁	1 瓶
7	胶带	无	1 卷

表 3-3　工具准备

序号	工具名称	要求	数量
1	电烙铁	35 W	1 把
2	热转印机	300 W	1 台
3	台钻	配 0.8 mm、1 mm 钻头	1 台
4	美工刀	无	1 把
5	剥线钳	无	1 把
6	螺丝刀	小型一字，十字	各 1 把
7	斜口钳	无	1 把
8	台钻	配 0.8 mm、1 mm 钻头	1 台
9	钢锯	无	1 把

表 3-4　量具准备

序号	量具名称	要求	数量
1	卷尺	量程：3 m	1 把
2	毫米刻度尺	量程：30 cm	1 把
3	万用表	数字式	1 台

3.1　智能温度控制风扇原理图设计与 PCB 设计

3.1.1　系统总体原理图

系统总体原理图如图 3-1 所示。

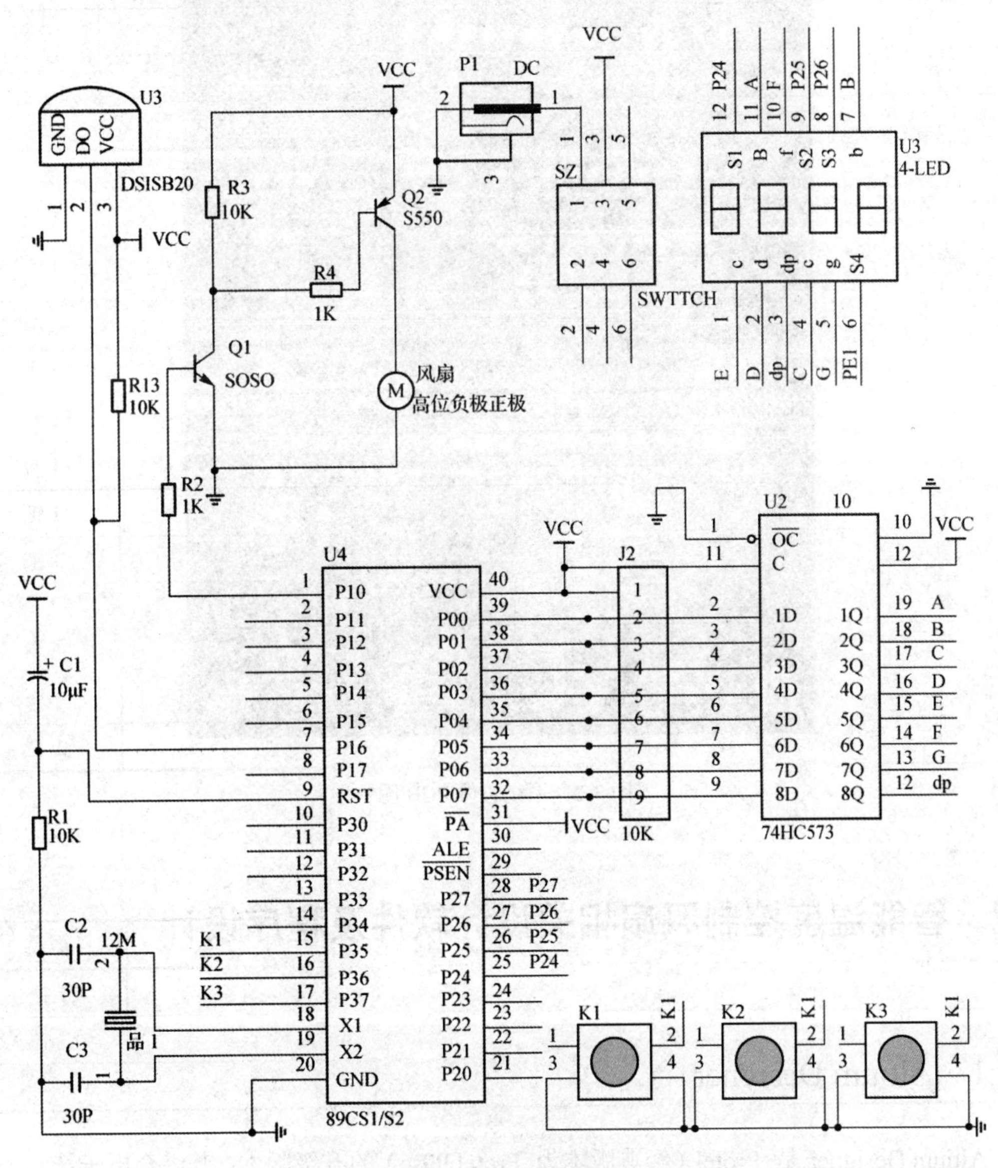

图 3-1　系统总体原理图

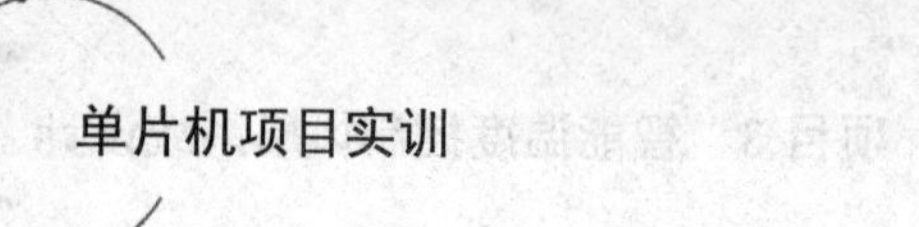

3.1.2 系统总体 PCB 图

系统总体 PCB 图如图 3-2 所示。

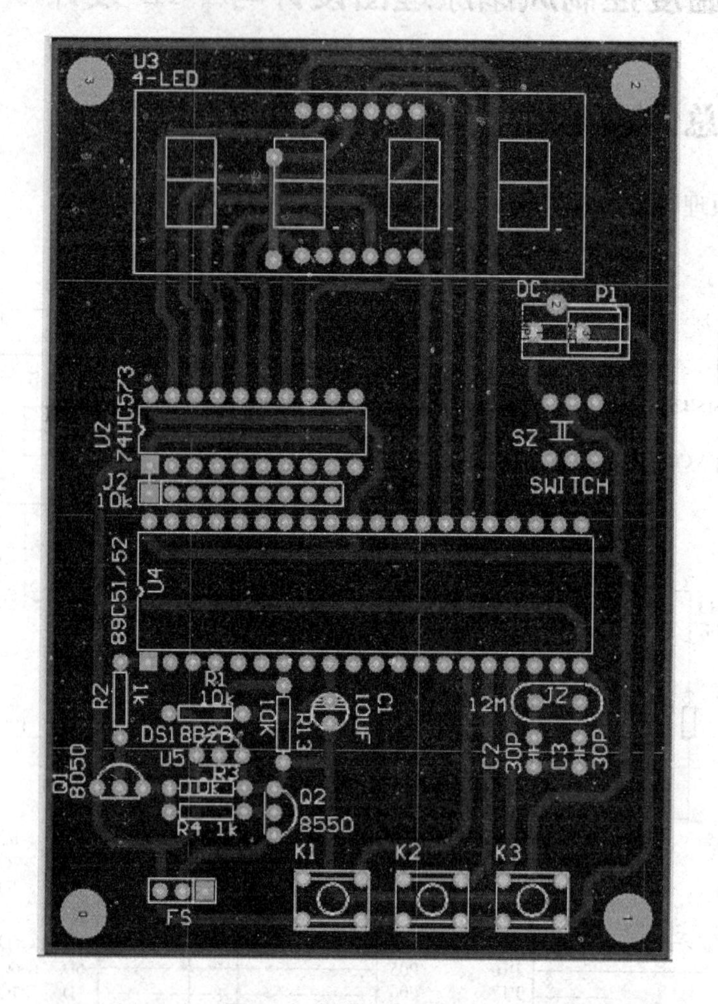

图 3-2 系统总体 PCB 图

3.2 智能温度控制风扇相关设计软件及程序设计

3.2.1 Altium Designer

Altium Designer 是 Protel（经典版本为 Protel 99se）的升级版本，其综合电子产品一体化开发所需的所有必须技术和功能。Altium Designer 在单一设计环境中集成板级和 FPGA

系统设计、基于 FPGA 和分立处理器的嵌入式软件开发以及 PCB 版图设计、编辑和制造。并集成了现代设计数据管理功能，使得 Altium Designer 成为电子产品开发的完整解决方案——一个既满足当前，也满足未来开发需求的解决方案。Altium Designer 17 的软件界面如图 3-3 所示。

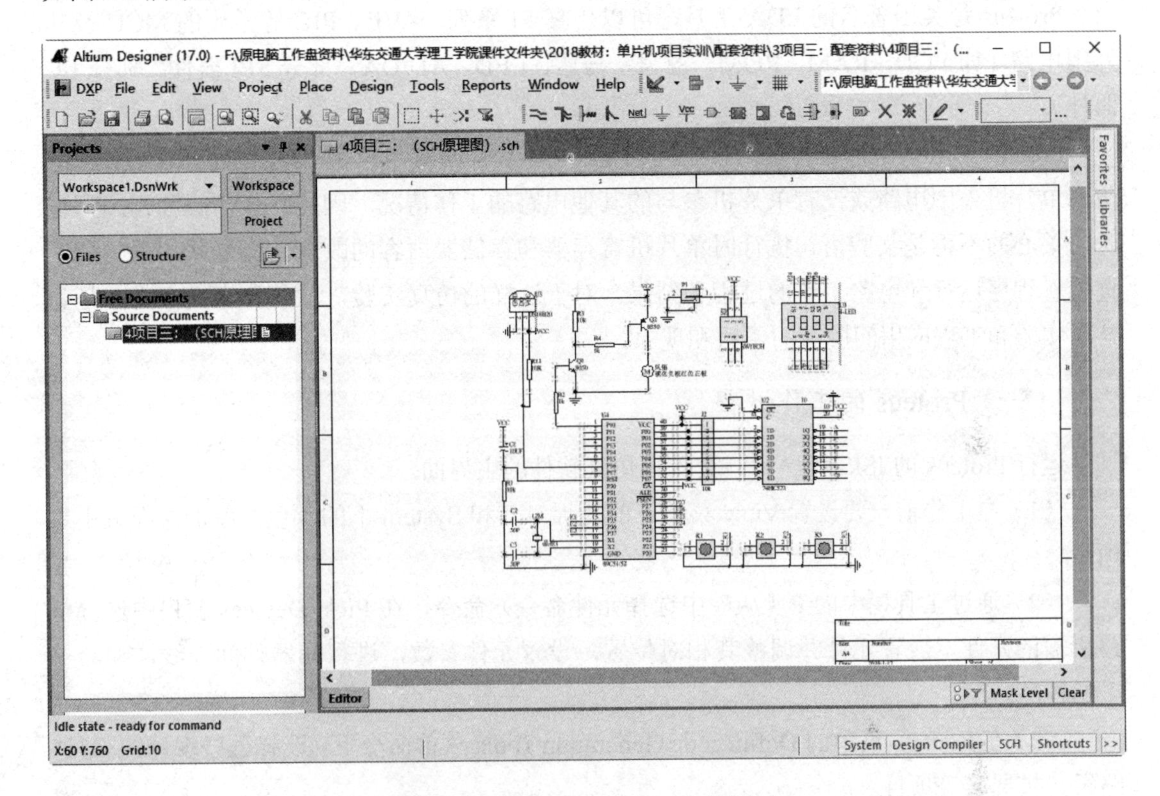

图 3-3　Altium Designer 17 软件界面

Altium Designer 17 软件的特点有以下几点。

（1）分层次组织的原理图设计环境

（2）方便易用的连线工具

（3）强大的编辑功能

（4）准确的设计检验

（5）强大的元件及元件库的组织功能

（6）与印刷电路板设计系统的紧密连接

（7）丰富的 PCB 设计法则

（8）易用的 PCB 设计环境

（9）轻松的交互式手动布线

（10）简便的 PCB 封装形式

（11）高智能的基于形状的 PCB 自动布线功能

（12）万无一失的PCB设计效验

3.2.2 Proteus

Proteus是英国著名的EDA工具，可以仿真51系列、AVR、PIC等常用的MCU及其外围电路（如LCD，RAM，ROM，键盘，马达，LED，AD/DA，部分SPI器件，部分IIC器件）。

Proteus与其他单片机仿真软件不同的是：它不仅能仿真单片机CPU的工作情况，也能仿真单片机外围电路或没有单片机参与的其他电路的工作情况。因此，在仿真和程序调试时，关心的不再是某些语句执行时单片机寄存器和存储器内容的改变，而是从工程的角度直接看程序运行和电路工作的过程和结果。对于这样的仿真实验，从某种意义上讲，是弥补了实验和工程应用间脱节的矛盾和现象。

（一）Proteus的工作过程

运行Proteus的ISIS程序后，进入该仿真软件的主界面。

（1）在工作前，要设置View菜单下的捕捉对齐和System下的颜色、图形界面大小等项目。

（2）通过工具栏中的P（从库中选择元件命令）命令，在Pick Devices窗口中选择电路所需的元件，放置元件并调整其相对位置，设置元件参数，进行元器件间连线，编写对于的程序。

（3）在Source 菜单的Definecode Generation Tools菜单命令下，选择程序编译的工具、路径、扩展名等项目。

（4）在Source 菜单的Add/Removesource Files命令下，加入单片机硬件电路的对应程序。

（5）通过Debug 菜单的相应命令仿真程序和电路的运行情况。

（6）Proteus软件所提供的元件资源Proteus软件所提供了30多个元件库，数千种元件。元件涉及数字和模拟、交流和直流等。

（二）Proteus 软件所提供的仪表资源

对于一个仿真软件或实验室，测试的仪器仪表的数量、类型和质量是衡量实验室是否合格的一个关键因素。在Proteus软件包中，不存在同类仪表使用数量的问题。Proteus还提供了一个图形显示功能，可以将线路上变化的信号，以图形的方式实时地显示出来，其作用与示波器相似但功能更多。

（三）Proteus 软件所提供的调试手段

Proteus 提供了丰富的测试信号用于电路的测试。这些测试信号包括模拟信号和数字信号。对于单片机硬件电路和软件的调试，Proteus 提供了两种方法：一种是系统总体执行效果，另一种是对软件的分步调试以看具体的执行情况。

对于总体执行效果的调试方法，只需要执行 Debug 菜单下的 Execute 菜单项或按 F12 快捷键启动执行，用 Debug 菜单下的 Pause Animation 菜单项或按 Pause 键暂停系统的运行；也可用 Debug 菜单下的 Stop Animation 菜单项或 Shift＋Break 组合键停止系统的运行。其运行方式可选择工具栏中的相应工具进行。

对于软件的分步调试，应先执行 debug 菜单下的 start/restart debugging 菜单项命令，此时可以选择 stepover、step into 和 step out 命令执行程序（可以用快捷键 F10、F11 和 Ctrl＋F11），执行的效果是单句执行、进入子程序执行和跳出子程序执行。在执行了 start / restart debuging 命令后，在 debug 菜单的下面要出现仿真中所涉及的软件列表和单片机的系统资源等，可供调试时分析和查看。

Proteus 软件界面如图 3-4 所示。

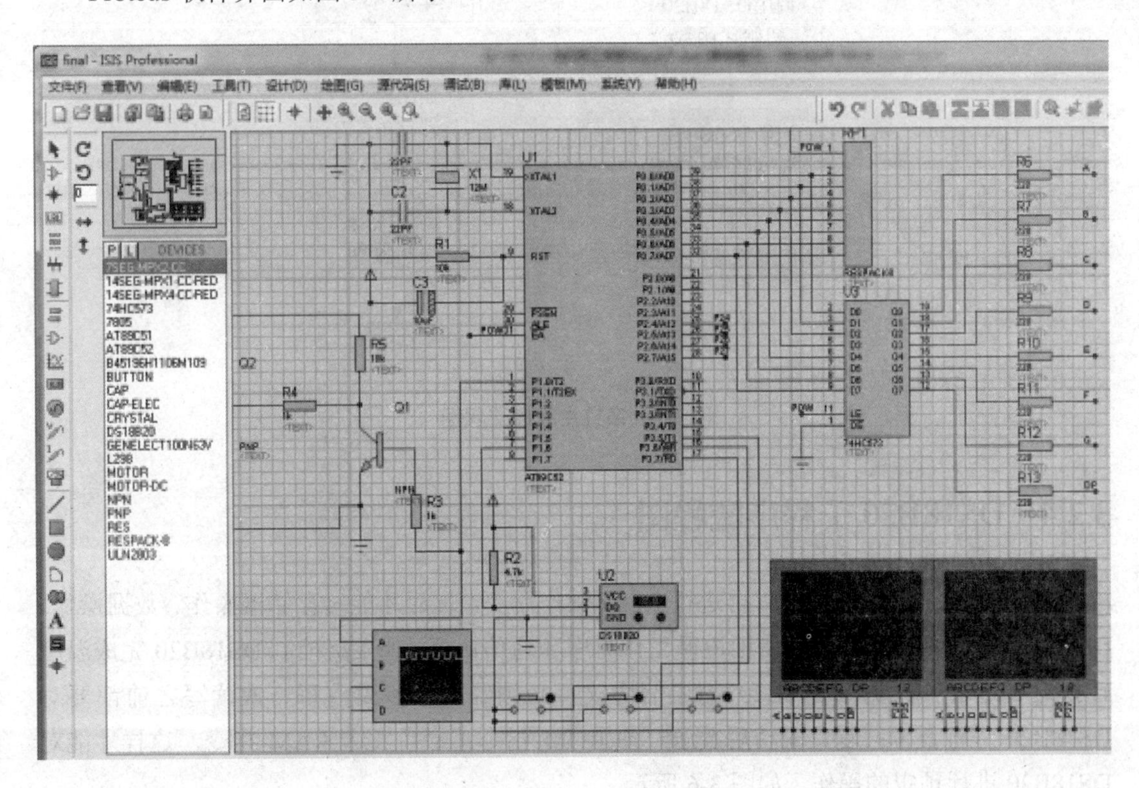

图 3-4　Proteus 软件界面

3.2.3 主程序流程图

要实现根据当前温度实时的控制风扇状态，需要在程序中不时地判断当前温度值是否超过设定的动作温度值范围。由于单片机的工作频率高达 12 MHz，在执行程序时不断将当前温度和设定动作温度进行比较判断，当超过设定温度值范围时及时地转去执行超温处理和欠温处理子程序，控制风扇实时地切换到关闭、弱风、大风三个状态。

显示驱动程序以查七段码取得各数码管应显数字，逐位扫描显示。系统主程序流程图如图 3-5 所示。

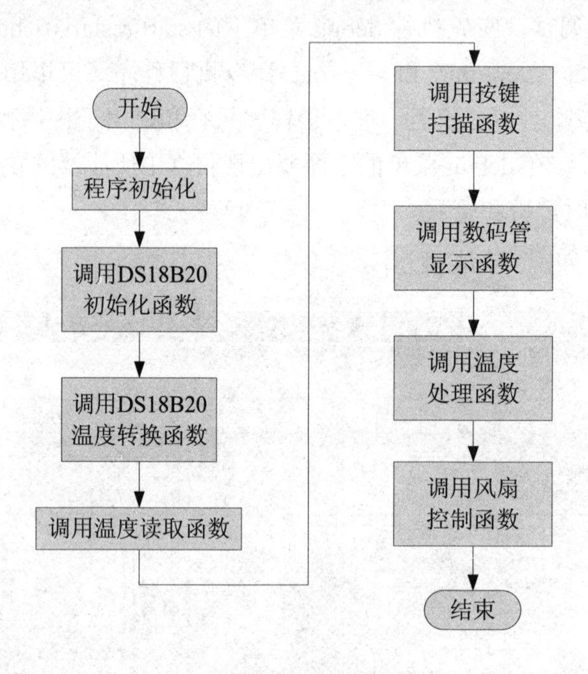

图 3-5　系统主程序流程图

3.2.4 DS18B20 子程序流程图

首先对 DS18B20 初始化，再进行 ROM 操作命令，最后才能对存储器操作、数据操作。DS18B20 每一步操作都要严格地遵循工作时序和通信协议。如主机控制 DS18B20 完成温度转换这一过程，根据 DS18B20 的通信协议，必须经三个步骤：每一次读写之前都要对 DS18B20 进行复位；复位成功后发送一条 ROM 指令；最后发送 RAM 指令。这样才能对 DS18B20 进行预定的操作，如图 3-6 所示。

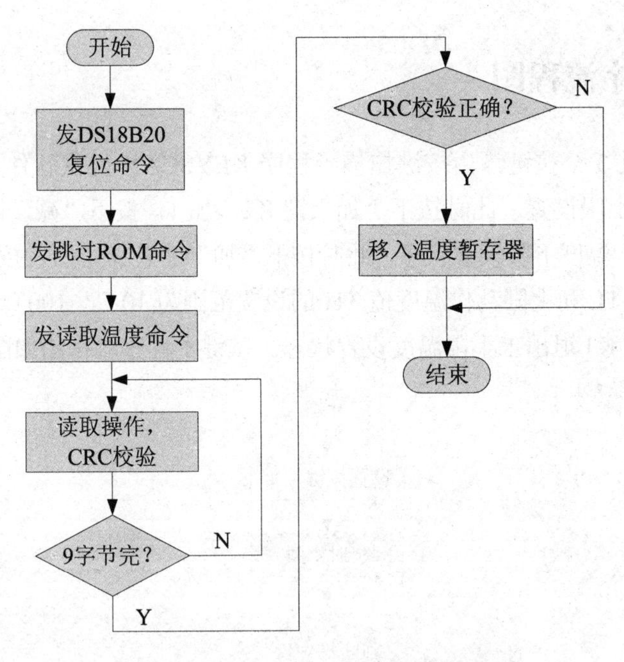

图 3-6　DS18B20 数据采集流程图

3.2.5　数码管显示子程序流程图

程序实现的功能是将从 DS18B20 读取的二进制温度值转换为七段码在 LED 上显示出来。显示方式采用的是动态扫描的方式，首先给位选信号，再给段选信号，最后延时一下。数码管显示子程序流程图如图 3-7 所示。

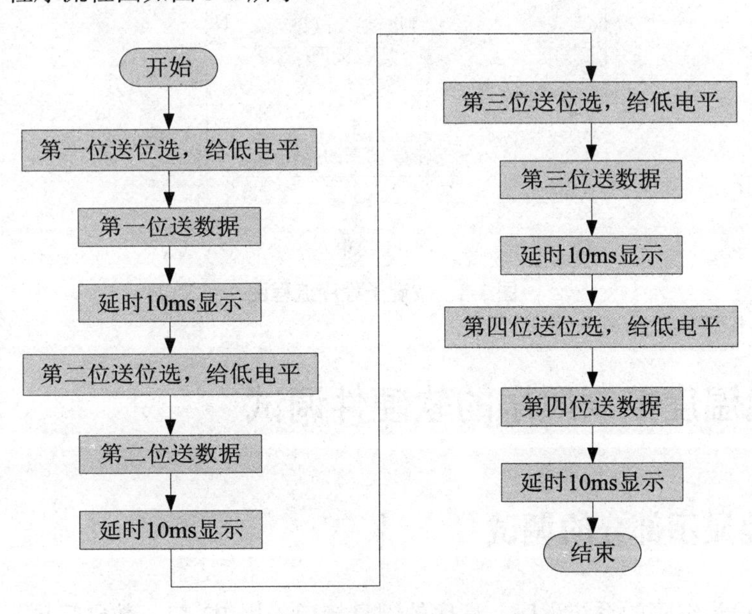

图 3-7　数码管显示子程序流程图

3.2.6 按键子程序流程图

硬件设计上为通过 3 个按键，由按键扫描子程序 KEYSCAN 提供软件支持。按下一次设置键 K1，进入温度上限设置，此时按下“加”键 K2，加 1，按下“减”键 K3，减 1。再按一次设置键 K2，进入温度下限设置状态，此时按下“加”键 K2，加 1，按下“减”键 K3，减 1。下限动作温度值 TL 和上限动作温度值 TH 的设置范围为 10℃～100℃，满足一般使用要求。再按一次设置键 K3 退出上下限温度设置状态。按键子程序流程图如图 3-8 所示。

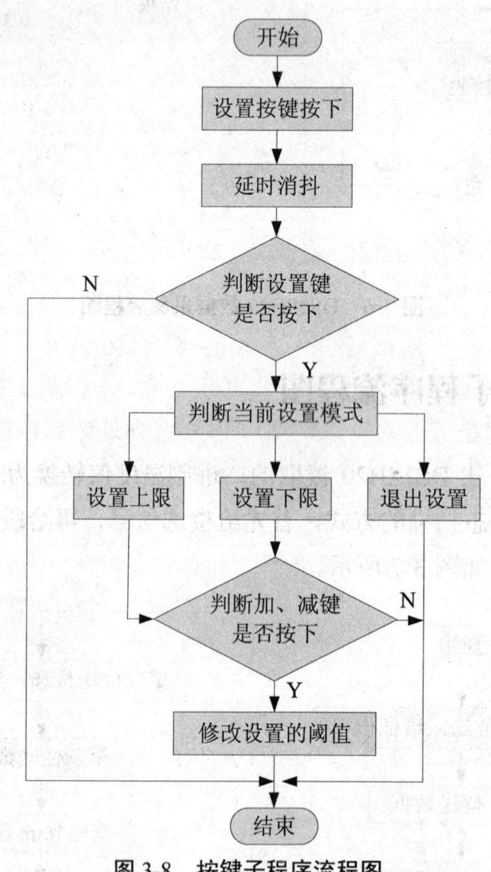

图 3-8 按键子程序流程图

3.3 智能温度控制风扇的软硬件调试

3.3.1 按键显示部分的调试

起初根据设计编写的系统程序：程序的键盘接口采用 P3 口，数码管显示采用 P0 口控制 LED 的断码，P2 口控制 LED 的位码，从而实现键盘功能及数码管的显示。经过编译没有出错，但在仿真调试时，数码管显示的只是乱码，没有正确的显示温度，按键功能也不灵，当按下键时，显示会变化很多次。

经过查找分析，发现键盘扫描程序没有按键消抖部分。按键在按下与松手时，都会有一定程度的抖动，从而可能使单片机做出错误的判断，导致按键条件预设温度时失灵，甚至根本不能正常工作。因此必须在按键扫描程序中加入消抖部分，即在按键按下与松手时加入延时判断，以检测键盘是否真的按下或已完全松手。

数码管不能正确显示，主要是因为数码管的段码都由 P0 口传送，而数码管显示又采用了动态扫描的方式，但在程序中却没有设置显示段码的暂存器，导致当 P0 口传送段码时发生混乱，不能正确识别段码。应在系统中加入锁存器，或是在程序中设定存储段码的空间。

在键盘加入了消抖程序，数码管显示程序中加入了段码的存储空间后，数码管能够正常的显示，按键也能够工作，达到了较好的效果。

3.3.2　传感器 DS18B20 温度采集部分调试

由于数字式集成温度传感器 DS18B20 的高度集成化，为软件的设计和调试带来了极大的简便，小体积、低功耗、高精度为控制电机的精度和稳定提供了可能。软件设计采用 P1.6 口为数字温度输入口，但是需要对输入的数字信号进行处理后才能显示，从而多了温度转换程序。通过软件设计，实现了对环境温度的连续检测，由于硬件 LED 个数的限制，只显示了预设温度的整数部分。

在温度转换程序中，为了能够正确地检测并显示温度的小数位，程序中把检测的温度与 10 相乘后，再按一个三位的整数来处理。如把 24.5 变为 245 来处理，这样为程序的编写带来了方便。

系统调试中为验证 DS18B20 是否能在系统板上工作，将手心靠拢或者捏住芯片，即可发现 LED 显示的前两位温度也迅速升高，验证了 DS18B20 能在系统板上工作。由于 DS18B20 为 3 个引脚，因此在调试过程中要注意其各个引脚的对应位置，以免将其接反造成芯片不能正常工作，甚至烧毁芯片。

3.3.3　风扇调速电路部分调试

在本设计中，采用了三极管驱动直流电机，软件设置了 P1.0 口输出不同的 PWM 波形，通过三极管的放大作用驱动直流电机转动。通过软件中程序设定，根据不同温度输出不同的 PWM 波，从而得到不同的占空比控制风扇直流电机。程序实现了 P1.0 口的 PWM 波形输出，当外界温度低于设置温度时，电机不转动或自动停止转动；当外界温度高于设置温度时，电机的转速升高或是自动开始转动。

在本系统中，风扇电机的转速可实现两级调速。通过温度传感器检测的温度与系统预设温度值的比较，实现转速变换。

3.3.4 系统功能

（一）系统实现的功能

本系统能够实现单片机系统检测环境温度的变化，然后根据环境温度和设置的阈值来控制风扇直流电机输入占空比的变化，从而产生不同的转动速度；也可根据键盘调节不同的设置温度，再由环境温度与设置温度的差值来控制电机。当环境温度低于设置温度时，电机停止转动；当环境温度高于设置温度时，单片机对应输出口输出不同占空比的 PWM 信号，控制电机开始转动，系统还能动态地显示当前温度和当前的档位，并能通过键盘调节当前的设置温度。

（二）系统功能分析

系统总体上由四部分来组成，即温度检测电路、风扇驱动电路、数码管驱动显示电路和按键电路。

（1）温度检测电路是整个系统的首要部分，首先要检测到环境温度，才能用单片机来判断温度的高低，然后通过单片机控制直流风扇电机的转速。

（2）风扇驱动电路需要使用外围电路将单片机输出的 PWM 信号转化为平均电压输出，根据不同的 PWM 波形得到不同的平均电压，从而控制电机的转速，电路的设计中采用了两个三极管组成复合管驱动，实现较好的控制效果。

（3）数码管驱动显示电路实现对环境温度和档位的显示，其中 DS18B20 采集环境温度。

（4）按键电路可以实现不同设置温度的调整，实现了对环境温度和档位的及时连续显示。

3.3.5 系统总体程序源代码

```
#include<reg51.h>
#include<intrins.h>
#define uchar unsigned char
#define uint unsigned int
sbit dj=P1^0;              //电机控制端接口
sbit DQ=P1^6;              //温度传感器接口
```

```
//////////按键接口//////////
sbit key1=P3^5;          //设置温度
sbit key2=P3^6;          //温度加
sbit key3=P3^7;          //温度减
//////////
sbit w1=P2^4;
sbit w2=P2^5;
sbit w3=P2^6;
sbit w4=P2^7;
/////共阴数码管段选////////////////////////////////////////////////
uchar table[22]=
{0x3F,0x06,0x5B,0x4F,0x66,
0x6D,0x7D,0x07,0x7F,0x6F,
0x77,0x7C,0x39,0x5E,0x79,0x71,
0x40,0x38,0x76,0x00,0xff,0x37};          //'-'，L，H，灭，全亮，n    16-21
uint wen_du;
uchar gao,di;                            //pwm
uint shang,xia;                          //对比温度暂存变量
uchar dang;                              //档位显示
uchar flag;
uchar d1,d2,d3;                          //显示数据暂存变量
void delay(uint ms)
{
uchar x;
for(ms;ms>0;ms--)
    for(x=10;x>0;x--);
}
/***********ds18b20 延迟子函数（晶振 12MHz）*******/
void delay_18B20(uint i)
{
    while(i--);
}
/**********ds18b20 初始化函数**********************/
void Init_DS18B20( )
{
```

```
  uchar x=0;
  DQ=1;                  //DQ 复位
  delay_18B20(8);        //稍做延时
  DQ=0;                  //单片机将 DQ 拉低
  delay_18B20(80);       //精确延时大于 480μs
  delay_18B20(14);
  x=DQ;                  //稍做延时后 如果 x=0 则初始化成功 x=1 则初始化失败
  delay_18B20(20);
}
/***********ds18b20 读一个字节**************/
uchar ReadOneChar( )
{
uchar i=0;
uchar dat=0;
for (i=8;i>0;i--)
  {
        DQ=0;                  //给脉冲信号
        dat>>=1;
        DQ=1;                  //给脉冲信号
        if(DQ)
        delay_18B20(4);
  }
      return(dat);
}
/*************ds18b20 写一个字节****************/
void WriteOneChar(uchar dat)
{
      uchar i=0;
      for (i=8;i>0;i--)
      {
          DQ=0;
          DQ=dat&0x01;
          delay_18B20(5);
          DQ=1;
          dat>>=1;
```

```
    }
}
/**************读取 ds18b20 当前温度************/
void ReadTemperature( )
{
uchar a=0;
uchar b=0;
Init_DS18B20( );
WriteOneChar(0xCC);   //跳过读序号列号的操作
WriteOneChar(0x44);   //启动温度转换
delay_18B20(100);     //this message is wery important
Init_DS18B20();
WriteOneChar(0xCC);   //跳过读序号列号的操作
WriteOneChar(0xBE);   //读取温度寄存器等（共可读 9 个寄存器）前两个就是温度
delay_18B20(100);
a=ReadOneChar();                  //读取温度值低位
b=ReadOneChar();                  //读取温度值高位
wen_du=((b*256+a)>>4);            //当前采集温度值除 16 得实际温度值
}
void display( )//显示温度
{
w1=0;P0=table[d1];delay(10);          //第 1 位
P0=0x00;w1=1;delay(1);

w2=0;P0=table[16];delay(10);          //第 2 位
P0=0x00;w2=1;delay(1);

w3=0;P0=table[d2]; delay(10);         //第 3 位
P0=0x00;w3=1;delay(1);

w4=0;P0=table[d3];delay(10);          //第 4 位
P0=0x00;w4=1;delay(1);
}
void zi_keyscan( )                    //自动模式按键扫描函数
{
```

```
if(key1==0)
{
    delay(10);
    if(key1==0)flag=1;
    while(key1==0);                    //松手检测
}
while(flag==1)
{
    d1=18;d2=shang/10;d3=shang%10;
    display();
    if(key1==0)
    {
        delay(10);
        if(key1==0)flag=2;
        while(key1==0);                //松手检测
    }
    if(key2==0)
    {
        if(key2==0)
        {
            shang+=5;
            if(shang>=100)shang=100;
        }while(key2==0);               //松手检测
    }
    if(key3==0)
    {
        delay(10);
        if(key3==0)
        {
            if(shang<=10)shang=10;
        }while(key3==0);               //松手检测
    }
}
while(flag==2)
{
```

```
    d1=17;d2=xia/10;d3=xia%10;
    display();
    if(key1==0)
    {
        delay(10);
        if(key1==0)flag=0;
        while(key1==0);          //松手检测
    }
    if(key2==0)
    {
        delay(10);
        if(key2==0)
        {
            if(xia>=95)xia=95;
        }while(key2==0);         //松手检测
    }
    if(key3==0)
    {
        delay(10);
        if(key3==0)
        {
            xia-=1;
            if(xia<=0)xia=0;
        }while(key3==0);         //松手检测
    }
}
}
void zi_dong( )                  //自动温控模式
{
uchar i;
d1=dang;d2=wen_du/10;d3=wen_du%10;
zi_keyscan();                    //按键扫描函数
display();
if(wen_du<xia){dj=0;dang=0;}     //低于下限　停止
```

```
if((wen_du>=xia)&&(wen_du<=shang))      //1档
    {
    dang=1;
    for(i=0;i<5;i++){dj=0;display();zi_keyscan();}
    for(i=0;i<5;i++){dj=1;display();zi_keyscan();}
}
if(wen_du>shang){dj=1;dang=2;}      //高温全速
}
void main( )
{
uchar j;
dj=0;
shang=30;
for(j=0;j<80;j++)
ReadTemperature( );
while(1)
{
    ReadTemperature( );
    for(j=0;j<100;j++)zi_dong( );      //自动温控模式
}
}
```

作品展示、自评与互评

（一）作品展示

1. 系统主控板原理图

系统主控板原理图如图 3-9 所示。

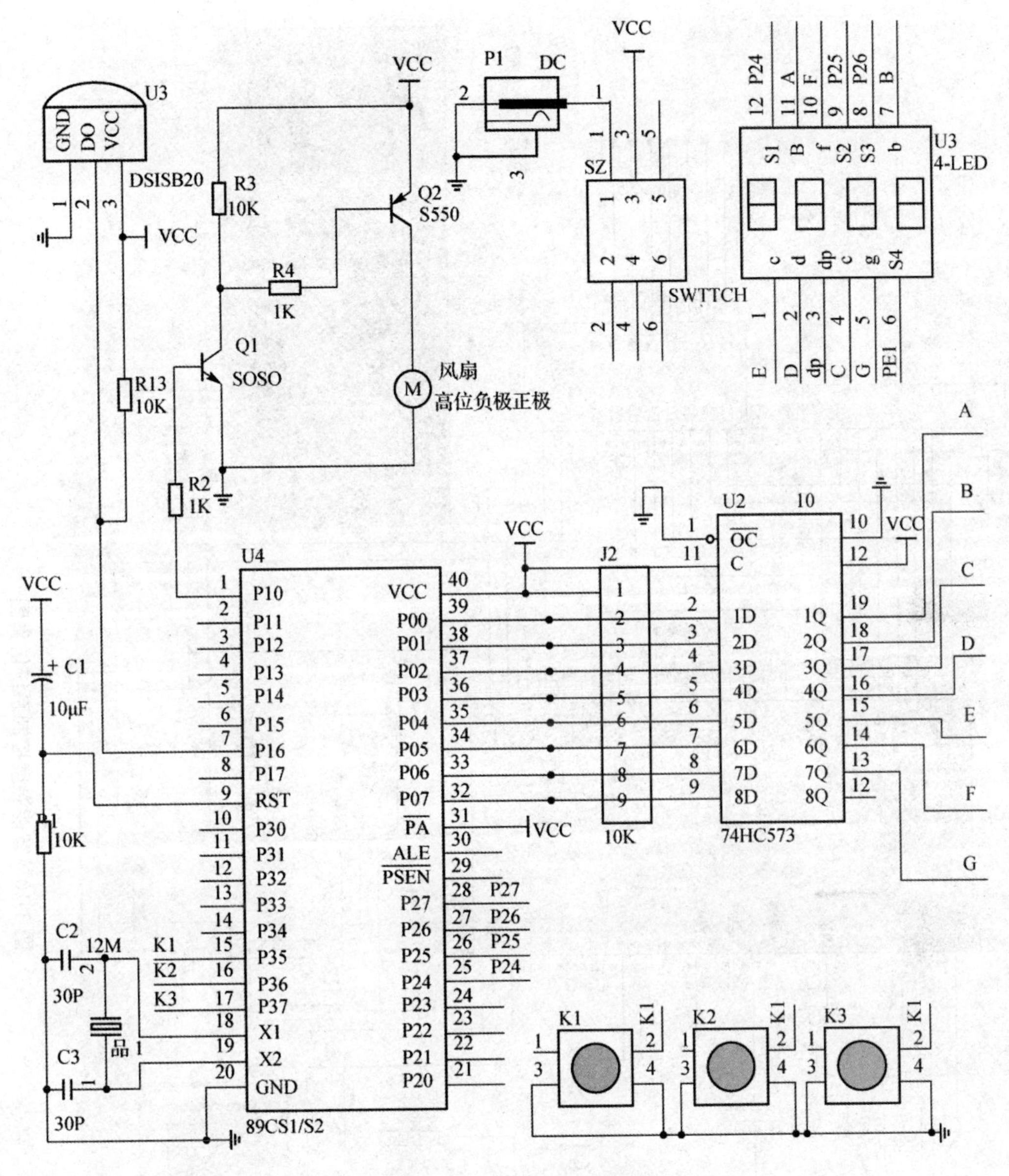

图 3-9　系统主控板原理图

2. 智能温度控制系统仿真图

智能温度控制系统仿真图如图 3-10 所示。

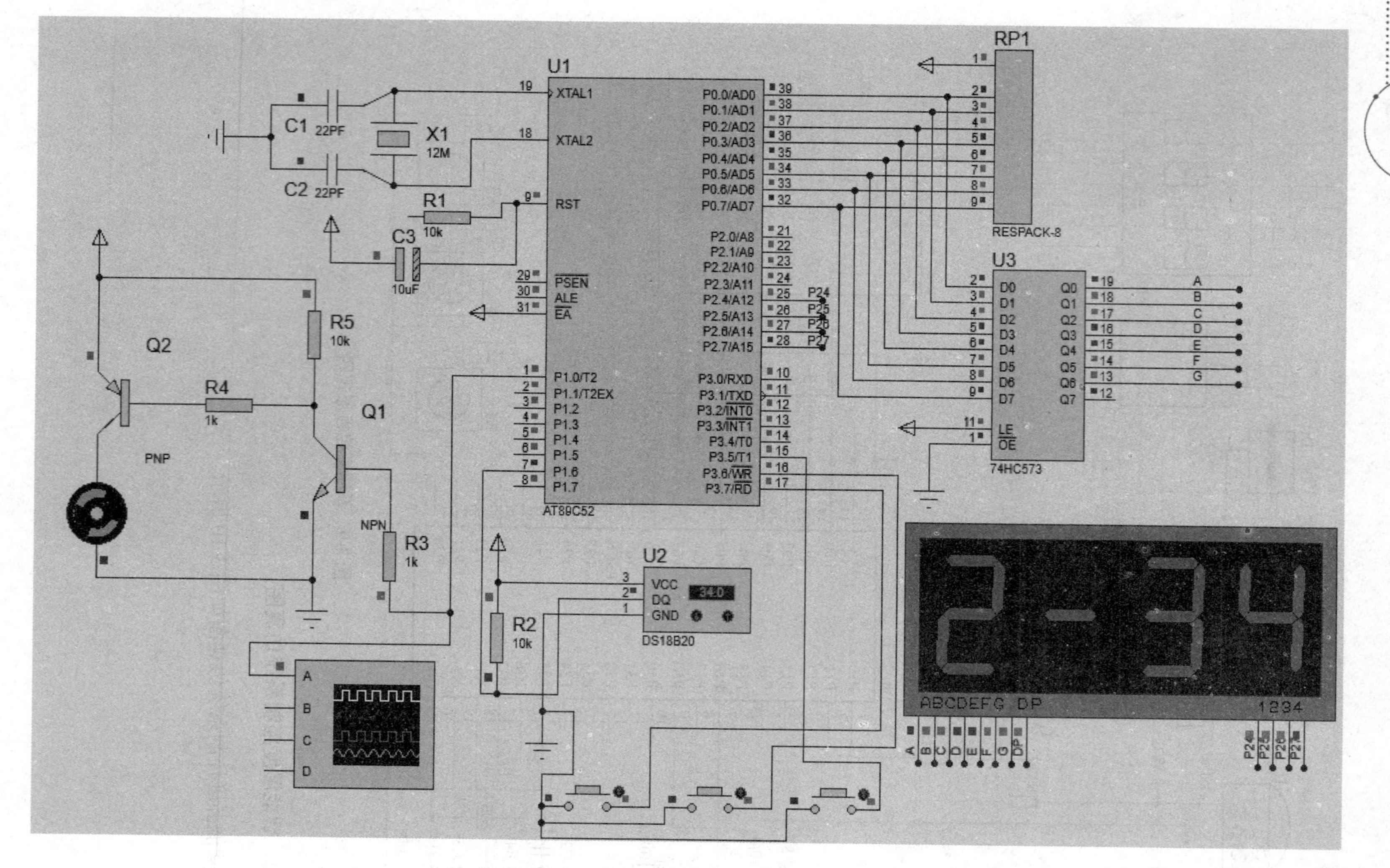

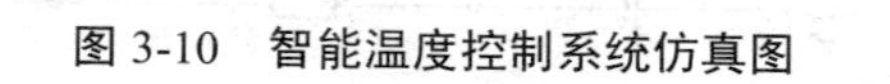

图 3-10　智能温度控制系统仿真图

3．智能温控风扇系统实物正面

智能温控风扇系统上方为共阴极数码管，右上方为电源插孔和电源开关，中间为STC89C52RC 单片机和驱动芯片 74HC573，下方为温度传感器与功能选择按键。智能温控风扇系统实物正面如图 3-11 所示。

图 3-11　智能温控风扇系统实物正面

4．智能温控风扇系统实物背面

智能温控风扇系统电路板采用覆铜板作为材料，将 PCB 通过热转印工艺将其转印到覆铜板上，然后打孔焊接，得到实物。智能温控风扇系统实物背面如图 3-12 所示。

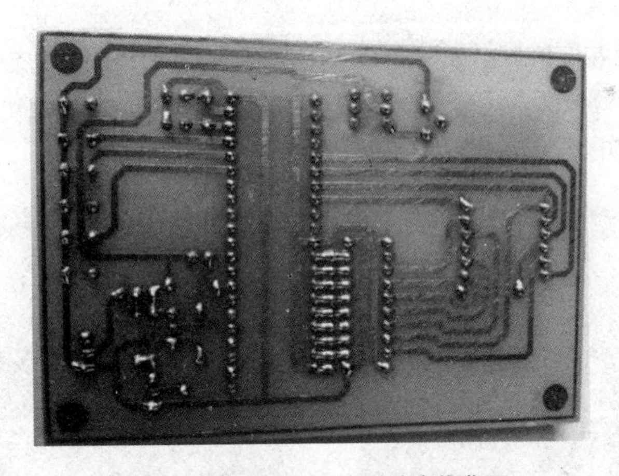

图 3-12　智能温控风扇系统实物背面

5．智能风扇控制系统低温报警值设定

通过按动本控制系统最左边的一个按键进行功能选择，在数码管上方会显示 L-××字样，其中“L”表示进行设定的是低温报警值，该数值可以通过右下方的另两个按键进行加、减其数值。低温报警值设定如图 3-13 所示。

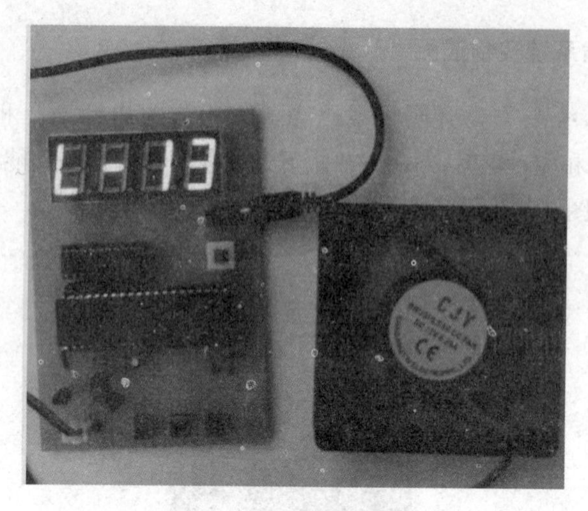

图 3-13　低温报警值设定

6．智能风扇控制系统高温报警值设定

通过按动本控制系统最左边的一个按键进行功能选择，在数码管上方会显示 H-××字样，其中“H”表示进行设定的是高温报警值，该数值可以通过右下方的另两个按键进行加、减其数值。高温报警值设定如图 3-14 所示。

7．温度值显示状态

该温控风扇系统温度值显示如图 3-15 所示，最左边一个数字为温度等级，本系统共两个温度等级，分别为等级 1 与等级 2，等级 1 为低温状态，等级 2 为高温状态，数码管最右边两位数字表示当前的温度值。

图 3-14　高温报警值设定

图 3-15　温控风扇系统温度值显示

（二）自评

本环节主要考查学生在本项目设计的过程中掌握知识与技能的程度，能够较好地反映项目驱动教学法对学生个人能力提升的意义，也是作为教师后续给学生打分的一项指标。

（三）互评

本环节为项目小组的学生，一般为3～5个，学生通过完成本项目的情况，以及在本项目完成过程中的工作与能力的互相评价，也是作为教师最终给予学生评价的一项指标。

教师点评与拓展

1．点评标准

本项目驱动教学法，主要是锻炼学生的综合能力，本项目包括非专业能力和专业能力。其中非专业能力包含学习兴趣、学以致用情况、综合能力情况、协调能力情况、项目管理情况、总结汇报情况、实践操作情况、创意；专业能力包含智能温控风扇系统PCB热转印制作情况、主控板原理图及PCB设计情况、程序设计情况、系统温度及控制灵敏度情况，综合评分可以参考小组的自评与互评情况。教师可以通过表3-5大致可以给学生一个客观的评价，本项目驱动教学法得分情况能比较真实地反映学生真正的能力情况，较以往的以考试分数评价学生比较符合当今社会对人才的评价。

表3-5　本项目教师评分标准

序号	项目	分值
非专业能力得分		
1	学习兴趣	5
2	学以致用情况	5
3	综合能力情况	5
4	协调能力情况	5
5	项目管理情况	5
6	总结汇报情况	5
7	实践操作情况	15
8	创意	5
专业能力得分		
9	智能温控风扇系统PCB热转印制作情况	5
10	主控板原理图及PCB设计情况	15
11	程序设计情况	15
12	系统温度及控制灵敏度情况	5

续表 3-5

序号	项目	分值
自评与互评得分		
13	自评	5
14	互评	5
总得分		

2．分析布置拓展的知识与技能

学生通过本项目，学习了主控板原理图及 PCB 电路设计、热转印 PCB 制作方法、程序设计（含算法设计）、硬件焊接与测试，理解了温度传感器 DS18B20 的工作原理，掌握了温度采集系统软硬件设计方法，掌握了风扇控制系统硬件设计，掌握了风扇控制系统的程序设计，为了能够达到学以致用的目的，可以自行编写程序，让风扇根据温度值来调整 PWM 占空比，从而控制风扇进行加速还是减速工作。

智能避障循迹小车设计

项目描述

本项目为设计一辆智能避障循迹小车，该智能车是一种四轮驱动的，由单片机控制的，具备自动根据地面轨迹进行行走的特点，并且能在地面有障碍物的前提下，能够根据路面障碍物情况决定如何绕过地面障碍物，在行驶过程中能够根据路面轨迹弯曲情况，不断修正小车的运行，能够实现一种无人控制的自动行驶功能。

本项目采用 RPR220 一体化红外对管作为循迹传感器，其中红外发射管发出的红外线，会被物体反射，如果红外接收管接收到反射回的红外线则会因光电效应而产生电压，经电压比较器处理输出低电平从而检测出白色跑道，如果没有接收到红外线则接收管不会有电压经电压比较器处理输出高电平从而检测出黑色跑道；用光电开关传感器作为避障传感器，光电开关传感器是根据光线发射头发出的光束，如果被物体反射，其接收电路根据反射光做出判断输出高低电平，得到的信号由 STC89C52RC 单片机来接收，经过一系列的运算判断，智能控制小车的前进、后退、转向、循迹以及避障功能。

本智能车包含硬件设计部分与软件设计部分，硬件设计部分主要涵盖的知识技能有：模拟电子技术、数字电子技术、信号处理、印刷电路板设计、单片机、传感器等；软件设计部分主要涵盖的知识技能有：C 语言程序设计、传感器信息采集、自动控制算法设计等。该控制系统工作原理如下。

（1）供电环节：系统由两节 3.7 V 的 18650 锂电池供电，输出 7.4 V 的直流电压经过降压稳压电路后给小车上的单片机、传感器、4 个减速电机、超声波传感器等供电。

（2）数据采集环节：通过小车上的光电传感器和超声波传感器采集地面轨迹信号及前方障碍物信号，进行处理后送给单片机。

（3）小车运行环节：将小车放置于打印的黑白轨道图纸上，小车检测到起点位置后，进行蜂鸣三声，示意到达起点，然后不断检测地面轨迹情况，根据轨迹弯曲情况，实时调整小车 4 个轮子的转速，从而改变小车运动方向。

项目任务

（1）制作一辆智能车模型，如图 4-1 所示。

（2）设计对应的主控板硬件电路。

（3）设计对应的智能车传感器数据采集程序及电机控制程序。

图 4-1　智能车模型

项目目标

（1）通过制作智能避障循迹小车，提高学生动手能力。

（2）通过设计主控板硬件电路，加强学生对模拟电子技术、数字电子技术、印刷电路板设计等知识的理解，提高硬件设计能力。

（3）通过对该控制系统的编程，使学生深入掌握C语言、传感器、单片机、自动控制等知识，提高学生将理论知识应用工程实践的能力。

（4）通过该完成该项目，使学生掌握减速电机驱动程序的编写方法。

（5）通过该项目的设计，使学生掌握工程设计的一般流程与思想方法。

项目实施

1．理论支撑

为了能够顺利的完成本项目，在实践之前应该查阅有关模拟电子技术、数字电子技术、印刷电路板设计、传感器、单片机、C语言、减速电机工作原理、自动控制原理等知识。

2．操作实践

（1）识图，了解结构及原理。

（2）各小组分析、讨论并制定实施方案。

（3）参考工艺。

（4）结合方案合理准备元器件及设备、材料、工具和量具，分别如表 4-1～表 4-4 所示。

表 4-1　设备准备

序号	设备名称	要求	数量
1	亚克力底板	外形 260 mm×155 mm×80 mm（长、宽、高）板厚 3 mm	2 块
2	轮胎	65 mm	4 个
3	直条单轴减速马达	DC3 V～6 V 直流减速电机	4 个
4	测速码盘	与上述电机配套	4 个
5	锂电池盒	Gaston 电池盒　18650 装 2 节	1 个
6	“T”型固定电机支架		8 枚
7	螺丝	M3 mm×30 mm	8 枚
8	螺母	M3	8 枚
9	智能小车主控板	STC89C52RC	1 块
10	L298N 电机驱动模块	2 路输 5V 出	2 块
11	超声波避障模块	一路发射，一路接收	1 块
12	循迹模块	光电	4 块

表 4-2　材料准备

序号	材料名称	要求	数量
1	跳线	20 cm 长	10 根
2	细导线	线号：30AWG 铜芯，外径：0.55～0.58 mm	一卷
3	扎带	20 cm 长	2 根
4	杜邦线	20 cm 长	10 根
5	焊锡丝	直径 0.8 mm	1 卷
6	焊锡膏	金鸡牌	1 瓶

表 4-3　工具准备

序号	工具名称	要求	数量
1	电烙铁	35 W	1 把
2	电钻	400 W，配 2 mm、5 mm、8 mm 钻头	1 把
3	美工刀	无	1 把
4	剥线钳	无	1 把
5	螺丝刀	小型一字，十字	各 1 把
6	斜口钳	无	1 把

表 4-4　量具准备

序号	量具名称	要求	数量
1	卷尺	量程：3 m	1 把
2	毫米刻度尺	量程：30 cm	1 把
3	万用表	数字式	1 台

组织实施

4.1　智能车模型制作

智能车模型制作步骤如下。

步骤一：打开包装，会看到小车架子、TT 电机固定架、测速码盘上面有一层黄色的防尘纸，首先我们需要把这层防尘纸给撕开。亚克力板如图 4-2 所示。

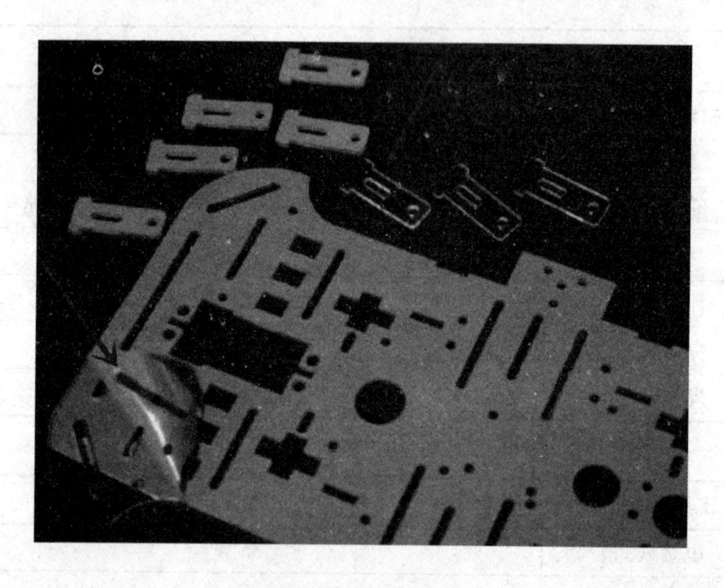

图 4-2　亚克力板

步骤二：准备 8 枚 30 MM 圆头螺丝、8 枚 M3 螺母、8 个 TT 马达固定架、4 个 130 强磁减速电机。小车零部件如图 4-3 所示。

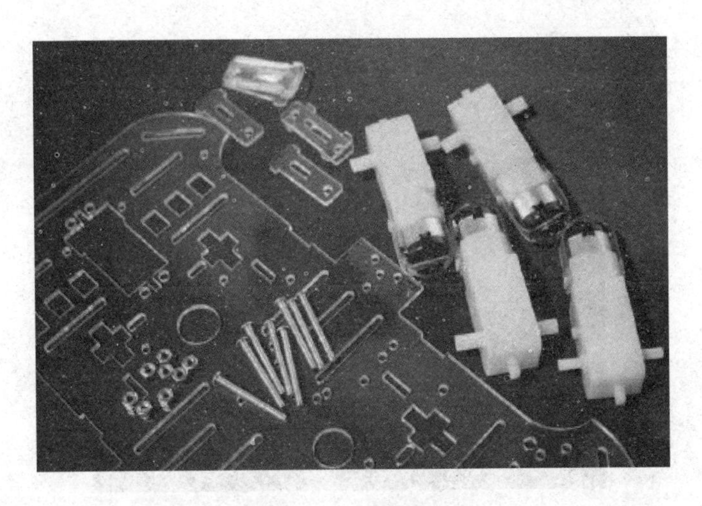

图 4-3　小车零部件

步骤三：把 4 个 20 格线测速码盘安装在 4 个 130 强磁减速电机上。码盘安装如图 4-4 所示。

图 4-4　码盘安装

步骤四：把 1 个 TT 马达电机固定架先安装在小车架子上，然后把另一个 TT 马达固定架用 2 枚 30 mm 螺丝安装在电机上，套在小车架子上用 2 枚螺母固定住。马达固定在亚克力板固定过程如图 4-5 所示。

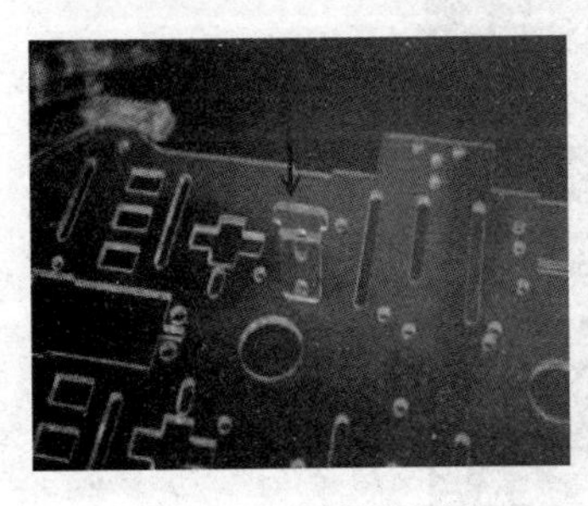

（a）TT 马达固定架

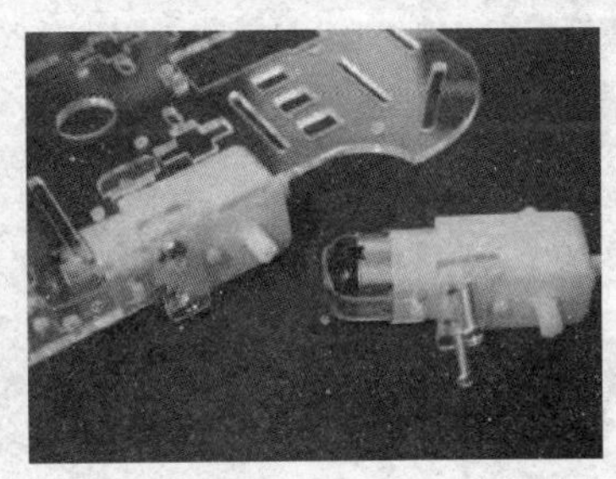

（b）固定电机 1

（c）固定电机 2

图 4-5　马达固定在亚克力板固定过程

步骤五：把 4 个黄色橡胶轮安装在 4 个电机轴上。四个轮胎固定如图 4-6 所示。

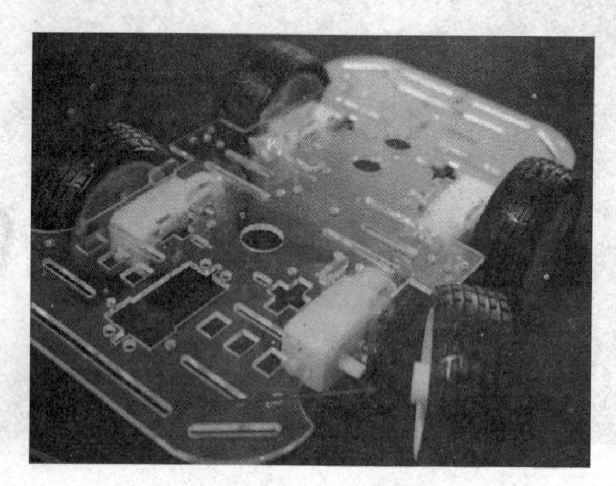

图 4-6　四个轮胎固定

步骤六：把 6 根 30 mm 铜柱用 6 枚 M3 螺母安装在小车架子上。固定铜柱如图 4-7 所示。

图 4-7　固定铜柱

步骤七：把另一块小车架子套在 6 根 30 mm 铜柱上用 6 枚螺丝固定好。固定另一块小车架子如图 4-8 所示。

图 4-8　固定另一块小车架子

步骤八：安装完成如图 4-9 所示。

图 4-9　安装完成

4.2　智能避障循迹小车的总体方案设计

本项目分为硬件设计和软件设计两部分。硬件设计中，STC89C52RC 作为主控芯片，采用直流减速电机作为动力，L298N 作为驱动芯片，通过车身下方的红外光电管给定的信号判断小车循迹运动情况；通过前方光电传感器给定信号判断小车是否避障。软件设计中，用 C 语言在 Keil 中编写，让单片机处理检测到的红外对管和光电传感器的信号，通过一系列控制算法输出不同的信号来控制小车的运行。

4.2.1　智能避障循迹小车的硬件设计

智能避障循迹小车的硬件设计系统框图，主要包括以下 5 个模块。

STC89C52RC 最小系统模块：是小车的主控芯片，用来接收循迹、避障模块的信号，通过算法控制，给定驱动模块信号让小车运行。

- **电源模块：**用来给最小系统及驱动、循迹、避障或其他模块供电。
- **驱动模块：**用于提高单片机的驱动能力，让单片机的信号可以控制直流减速电机，让小车能跑起来。
- **循迹模块：**用来探测黑白跑道，给单片机传输信号，完成小车循迹功能。
- **避障模块：**用来探测小车前方、左方是否有障碍物，完成小车避障功能。
- **其他模块：**主要包括左右转向灯及蜂鸣器模块。

智能避障循迹小车的硬件设计系统框图如图 4-10 所示。

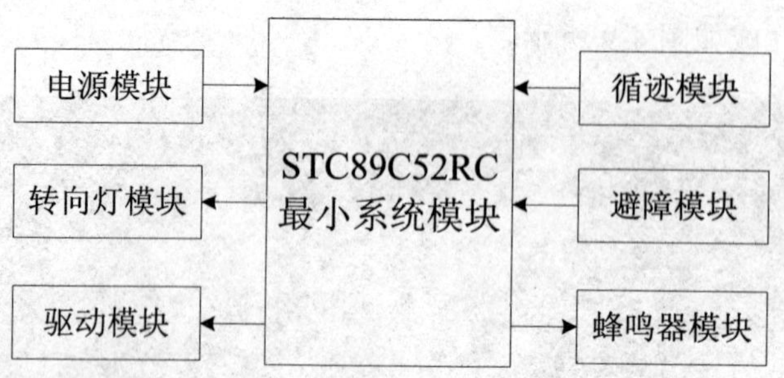

图 4-10　智能避障循迹小车的硬件设计系统框图

4.2.2　智能避障循迹小车的软件设计

初始化后检测是否有初始线，有初始线则蜂鸣器响及左右转灯闪烁，然后检测是否有障碍物，如果没有障碍物就进入循迹处理，如果有障碍物就进行避障处理，一直循环处理。智能避障循迹小车的软件设计流程图如图 4-11 所示。

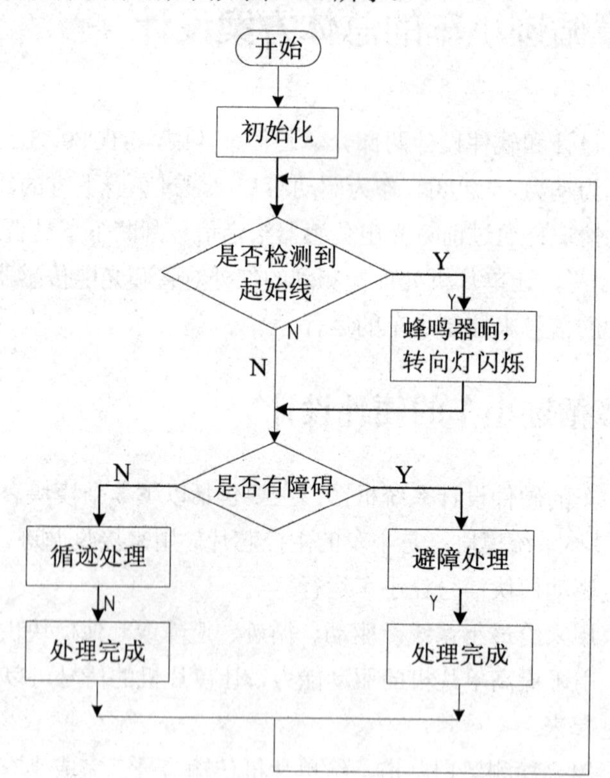

图 4-11　智能避障循迹小车的软件设计流程图

4.3　智能避障循迹小车的详细硬件设计

4.3.1　电源模块设计

由于小车是智能化行走，所走路线具有不确定性，所以不能通过 220 V 稳压降压以后为小车供电。18650 锂电池具有容量大、寿命长、安全性能高、电压高、没有记忆效应、内阻小、可串联或并联组合成 18650 锂电池组、适用范围广等特点。本设计将两节 18650 锂电池串联后作为电源为小车提供电压，如图 4-12 所示 VCC 即为锂电池电压，可供小车运行四个小时左右。

单片机、驱动芯片、红外对管和光电传感器工作电压为 5 V，所以采用 7805 集成降压芯片将串联以后的 8 V 电池组电压降低并稳定在 5 V。7805 稳压电路如图 4-12 所示，18650 锂电池实物图如图 4-13 所示。

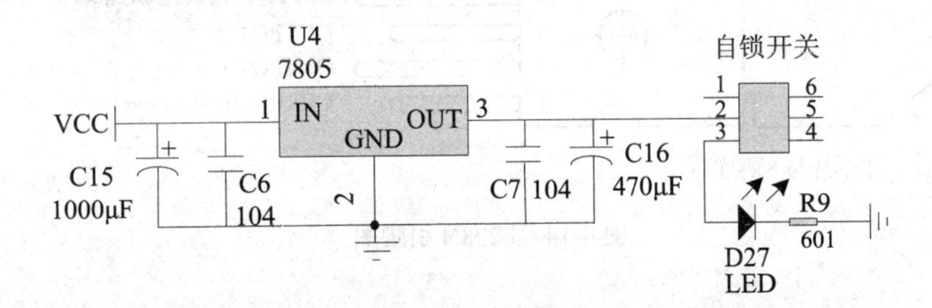

图 4-12　7805 稳压电路

图 4-13　18650 锂电池实物图

4.3.2　驱动模块设计

本设计采用了直流电机驱动芯片 L298N 作为电机驱动电路的核心。L298N 是 SGS 公司的产品，采用 Multiwatt 封装。L298N 有逻辑驱动电路通道 4 个，可以同时控制两个不同的直流电机。L298N 最高可达 50 V 的输出电压，输出电压由电源电压控制；可用标准 TTL 逻辑电平信号来控制；电路简单，使用方便。其中，4 脚接电源电压，电压范围为＋2.5 V～46 V。输出电流可达 2.5 A，可驱动电感性负载。INPUT1、INPUT2 和 INPUT3、INPUT4 接收和分别控制 OUT1、OUT2 和 OUT3、OUT4 的输出，在 OUT1、OUT2 和 OUT3、OUT4 之间分别接电机，驱动电机。L298N 引脚图如图 4-14 所示，L298N 原理图如图 4-15 所示，L298N 封装图如图 4-16 所示，L298N 驱动原理图如图 4-17 所示。

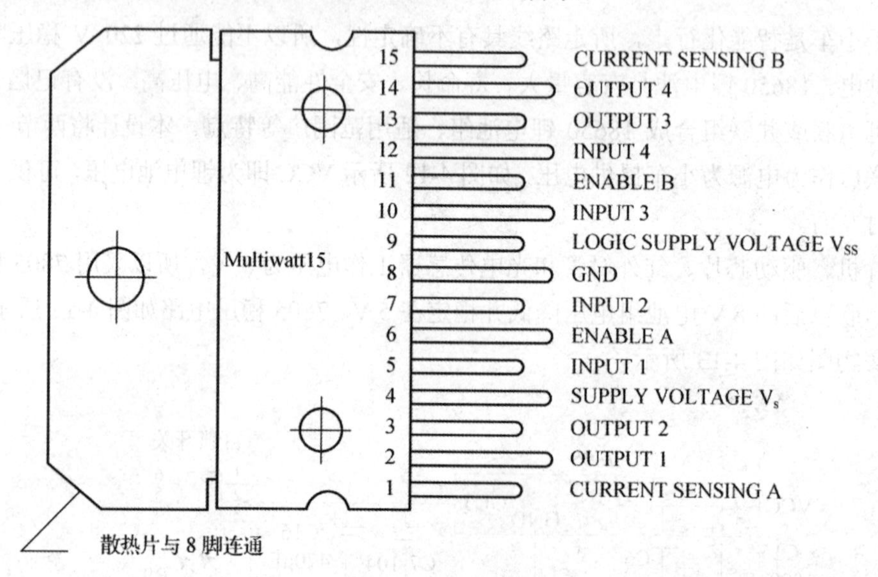

图 4-14 L298N 引脚图

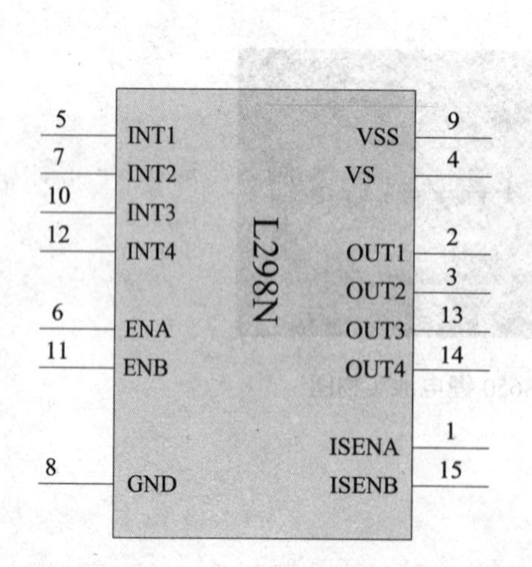

图 4-15 L298N 原理图

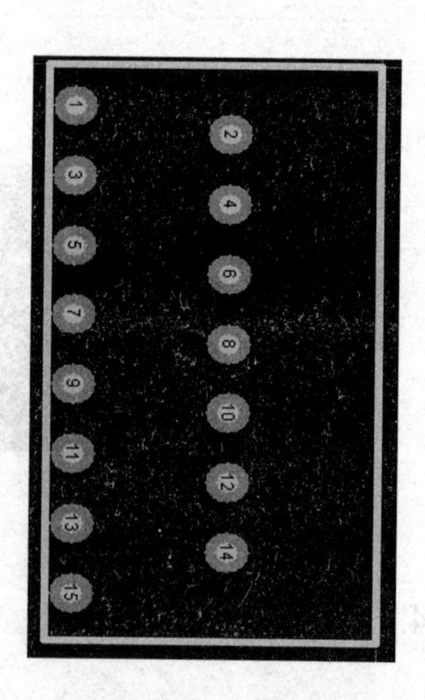

图 4-16 L298N 封装图

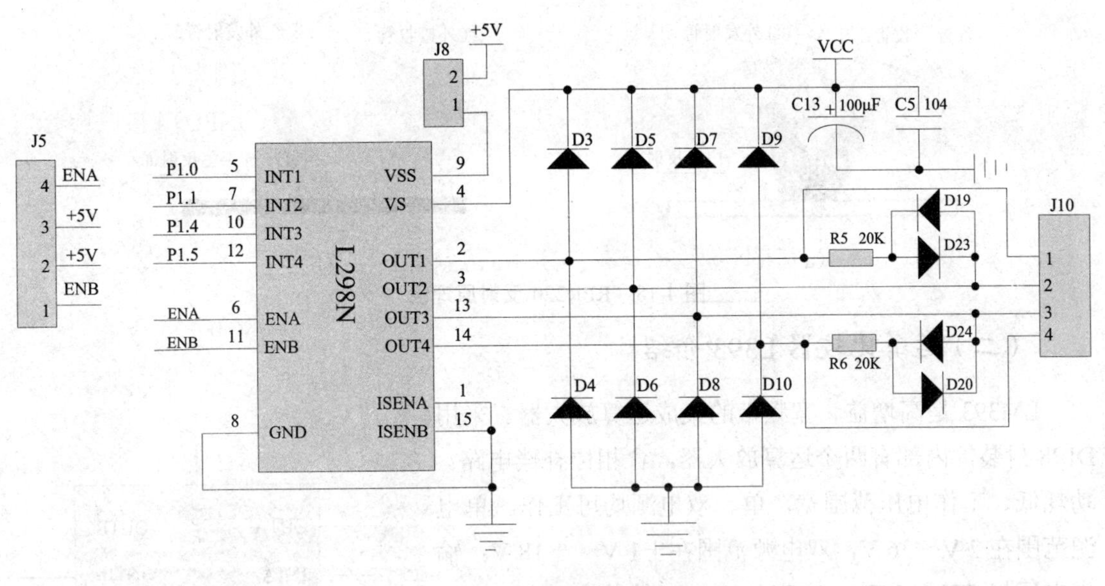

图 4-17　L298N 驱动原理图

4.3.3　循迹模块设计

（一）RPR220 红外对管应用于循迹的原理

本设计中，循迹模块采用红外对管 RPR220 作为传感器。RPR220 是集发射接收一体化的反射性红外探测器，采用 DIP4 的封装，在接收端有内置的塑料滤镜，可降低自然光中红外线对接收管的干扰，体积小且紧促。

小车跑道有黑白两种颜色，红外发射管一直发出红外光。根据接收管接收到的反射光强的差异，接收管两端电压也就有所改变。通过调节滑动变阻器来调节参考电压，接收管两端电压和参考电压的进行比较，输出端输出相应的高低电平。

红外线在短距离上具有一定的方向性，白色表面会对红外线有较大的反射。通过调节发射管和反射面的距离，可以使红外接收管接收到反射回来的红外线；黑色表面会将大部分红外线吸收，这样红外接收管就很难接收到红外线。根据红外接收管对红外线的电气特性，在电路中利用运算放大器处理电压信息，就可以用红外对管组成的传感器检测跑道黑白线的区别，实现小车的智能循迹功能。如图 4-18 所示 RPR220 反射原理图，其中图 4-18（a）为白色反射面的原理图；图 4-18（b）为黑色反射面的原理图。

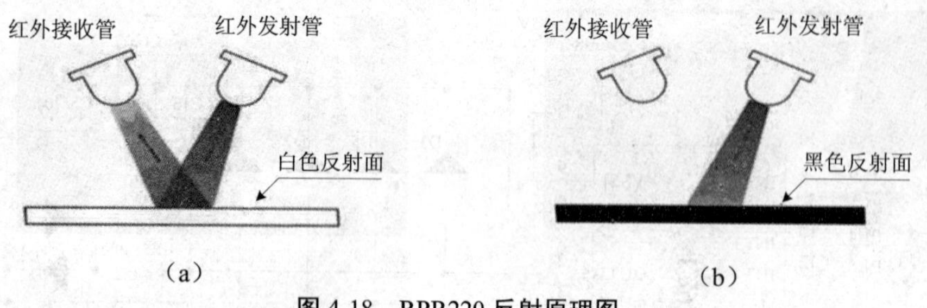

图 4-18　RPR220 反射原理图

（二）运算比较器 L393 介绍

LM393 是高增益、宽频带的集成运算放大器。采用 DIP8 封装，内部有两个运算放大器，含相位补偿电路。功耗低、工作电压范围宽，单、双电源均可工作。单电源范围在 2 V～36 V，双电源范围在±1 V～±18 V；输出电压与 TTL、DTL、MOS、CMOS 等兼容。

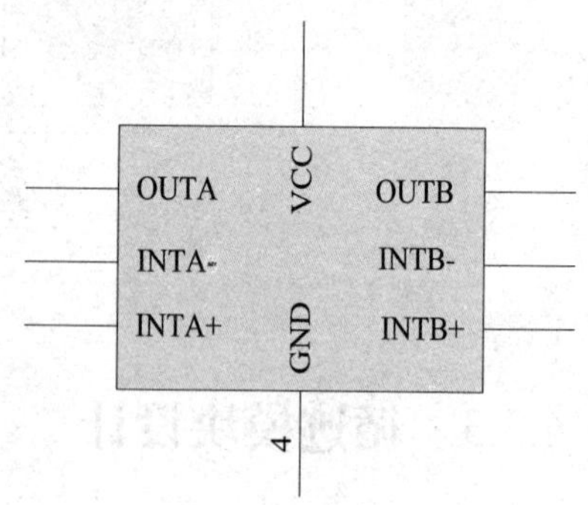

图 4-19　LM393 引脚图

电路中，在 LM393 的负输入端接滑动变阻器。通过电阻分压的方法提供改变参考电压，将接收管产生的电压和参考电压的比较来确定反射面的颜色。LM393 引脚图如图 4-19 所示，循迹模块原理图如图 4-20 所示。

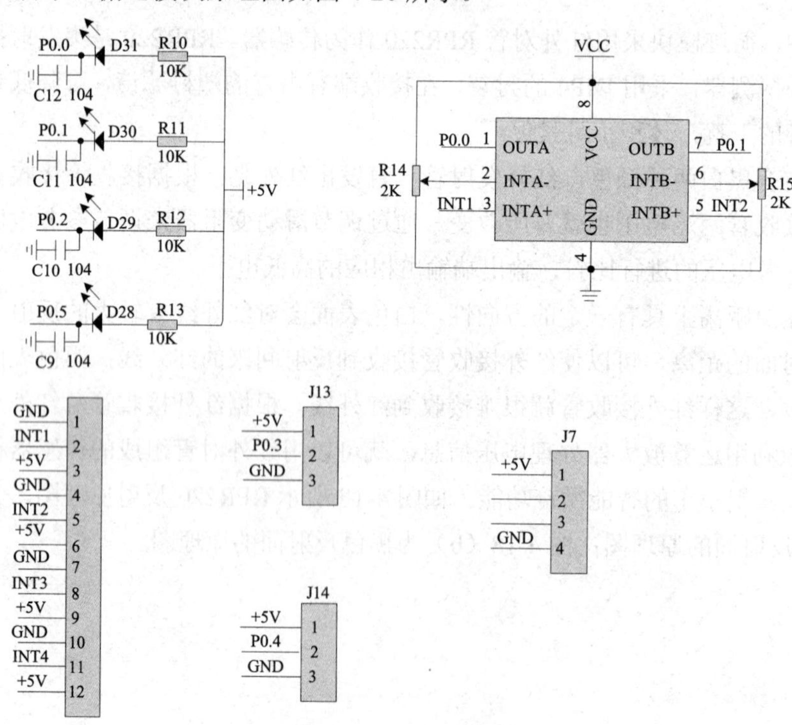

图 4-20　循迹模块原理图

4.3.4　避障模块的选择

避障模块采用检测距离可调的 E18-D50NK 光电开关传感器。该传感器集发射与接收于一体，检测范围在 3 cm～50 cm。具有探测距离远、受可见光干扰小、易于安装，广泛应用于自动化产品中。

E18-D50NK 输出电流为 100 mA，5 V 供电，响应时间小于 2 ms，可检测透明或者不透明物体，输出 TTL 电平。可以完美担任避障传感器。

4.3.5　其他模块设计

（一）转向灯电路

本设计中，采用 LED 灯和电阻串联的方法，一端接电源正极，另一端接单片机 IO 口来控制 LED 灯的亮灭。转向灯电路如图 4-21 所示。

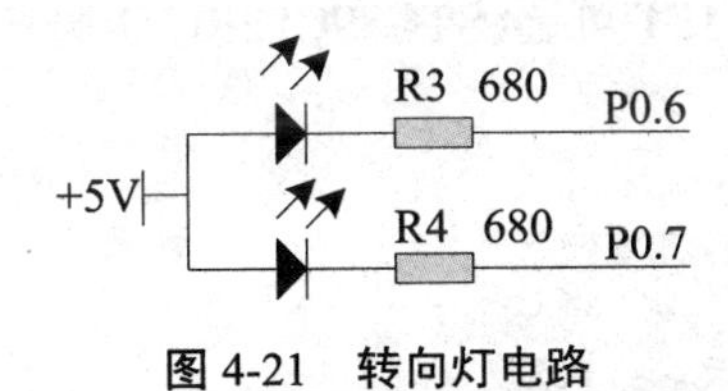

图 4-21　转向灯电路

（二）蜂鸣器电路

由于单片机 IO 口的驱动电流不足以驱动蜂鸣器发出声音，所以在本设计中使用三极管放大 IO 口的输出电流，驱动蜂鸣器发出声音。蜂鸣器电路如图 4-22 所示。

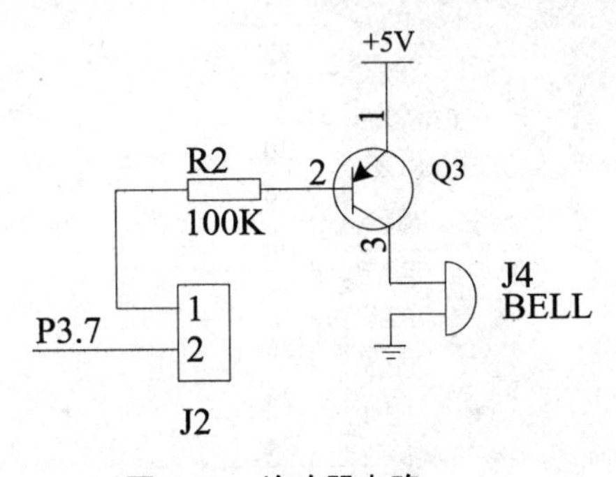

图 4-22　蜂鸣器电路

4.3.6　主控电路设计

本设计采用 STC89C52RC 作为主控芯片。

（一）STC89C52RC 介绍

STC89C52RC 是 STC 公司生产的一种低功耗、高性能的 8 位微控制器，具有 8 K 可编程 Flash 存储器。该单片机使用经典的 MCS-51 内核，做了很多的改进使得芯片具有传统 51 单片机不具备的功能。

在单芯片上，拥有灵巧的 8 位 CPU 和在系统可编程 Flash，使得 STC89C52RC 为众多嵌入式控制应用系统提供高灵活、超有效的解决方案。其具有以下几个标准功能。

（1）8 K 字节 Flash，512 字节 RAM。

（2）32 位 I/O 口线。

（3）看门狗定时器。

（4）内置 4 KB EEPROM。

（5）MAX810 复位电路。

（6）3 个 16 位定时器/计数器。

（7）4 个外部中断。

（8）一个 7 向量 4 级中断结构。

（9）全双工串行口。

最高运作频率 35 MHz，6T/12T 可选。STC89C52RC 引脚图如图 4-23 所示，STC89C52RC 封装图如图 4-24 所示。

STC89C52RC

引脚	名称	名称	引脚
1	P1.0	VCC	40
2	P1.1	P0.0	39
3	P1.3	P0.1	38
4	P1.2	P0.2	37
5	P1.4	P0.3	36
6	P1.5	P0.4	35
7	P1.6	P0.5	34
8	P1.7	P0.6	33
9	RST/VPD	P0.7	32
10	P3.0/RXD	EA/VPP	31
11	P3.1/RXD	ALE/PROG	30
12	P3.2/INT0	PSEN	29
13	P3.3/INT1	P2.7	28
14	P3.4/T0	P2.6	27
15	P3.5/T1	P2.5	26
16	P3.6/WR	P2.4	25
17	P3.7/RD	P2.3	24
18	XTAL2	P2.2	23
19	XTAL1	P2.1	22
20	GND	P2.0	21

图 4-23 STC89C52RC 引脚图

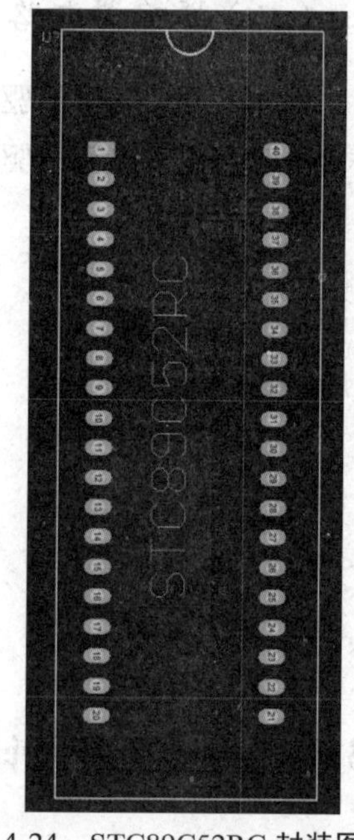

图 4-24 STC89C52RC 封装图

（二）复位电路

复位电路是让单片机及内部每个部件处于出厂时的初始状态，使单片机可以从初始状态开始工作。STC89C52RC 单片机的复位信号是由外围的复位电路来实现的。复位引脚通过 RST 引脚输入到斯密特触发器的。单片机系统的复位方式有上电自动复位和手动按键复位两个。上电自动复位是通过外部复位电路的电容充电来实现的，只要 VCC 的上升时间不超过 1 ms，就可以实现自动上电复位；手动按键复位是通过 RST 端经电阻与电源 VCC 接通而实现的，RST 的电位由 R5 与单片机的内部电阻的分压决定的。按键复位电路如图 4-25 所示。

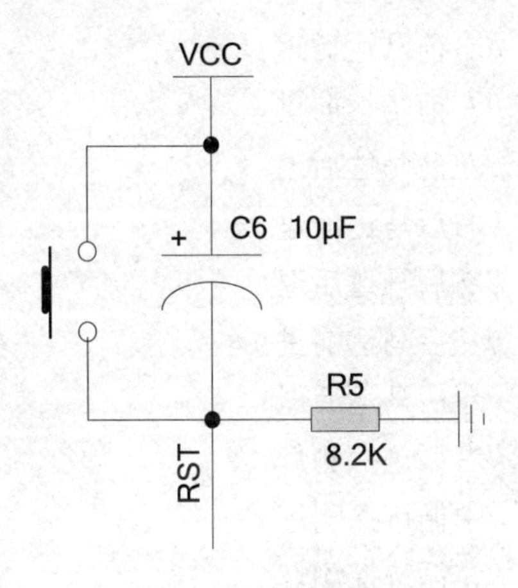

图 4-25　按键复位电路

（三）时钟电路

因为单片机内部带有时钟电路，只需要在片外通过 XTAL1、XTAL2 引脚处接上用外接晶振和电容组成的并联谐振回路产生的一个定时电路。一般是采用石英晶振作定时外部时钟源，振荡晶体可在 1.2 MHz 到 12 MHz 之间选择。由内部振荡器产生的时钟信号周期或由外直接输入的送至内部控制逻辑单元的时钟信号的周期称为时钟周期，其大小是时钟信号频率的倒数。STC89C52RC 的时钟频率选用 12 MHz，则时钟周期为 1/12 μs。接在晶振上的电容虽然没有严格要求，但电容的大小会影响振荡器的稳定性和起振的快速性。在本次设计中，电容选用 22 pF。外部震荡电路如图 4-26 所示。

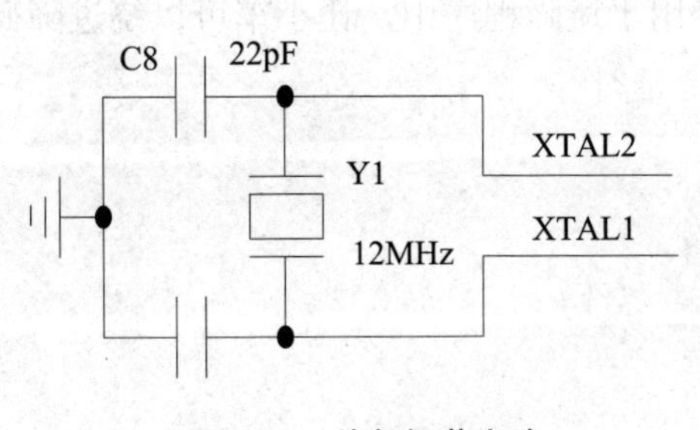

图 4-26　外部振荡电路

4.4 详细智能循迹程序设计

本设计中，在Keil中使用C语言编程，首先编写可能用到的子程序，然后在主程序中按逻辑调用，即可让小车按照要求跑起来。

定义引脚，方便编程。

```
sbit a1=P1^0;        //右前马达前进
sbit a2=P1^1;        //右前马达后退
sbit b1=P1^2;        //左前马达前进
sbit b2=P1^3;        //左前马达后退
sbit c1=P1^4;        //右后马达前进
sbit c2=P1^5;        //右后马达后退
sbit d1=P1^6;        //左后马达前进
sbit d2=P1^7;        //左后马达后退
sbit q1=P0^0;        //右循迹探测灯
sbit q2=P0^1;        //中循迹探测灯
sbit q3=P0^2;        //左循迹探测灯
sbit q4=P0^3;        //中避障探测灯
sbit q5=P0^4;        //左避障探测灯
sbit q6=P0^5;        //起始线探测灯
sbit z1=P0^6;        //左转灯
sbit y1=P0^7;        //右转灯
sbit f1=P3^7;        //蜂鸣器
```

4.4.1 延时子程序设计

延时子程序的作用主要是让IO口给出的信号有个保持，可以让小车保持前一个动作一小段时间；同时延时子程序用于避障程序中，让小车可以绕过障碍物。

```
void delay(int t)    //0.1s 延时
{
    int a,b,c,d;
    for(d=0;d<t;d++)
    {
    for(c=1;c>0;c--)
```

```
        for(b=38;b>0;b--)
            for(a=130;a>0;a--);
}
}
```

4.4.2　前进子程序设计

```
void qian(void)          //前进子程序
{
a1=1;
a2=0;
b1=1;
b2=0;
c1=1;
c2=0;
d1=1;
d2=0;
}
```

同时给四个电机前进信号，即可使小车前进。

4.4.3　后退子程序设计

```
void hou(void)          //后退子程序
{
a1=0;
a2=1;
b1=0;
b2=1;
c1=0;
c2=1;
d1=0;
d2=1;
}
```

同时给四个电机后退信号，即可使小车后退。

4.4.4 停止子程序设计

```
void ting(void)      //停止子程序
{
a1=1;
a2=1;
b1=1;
b2=1;
c1=1;
c2=1;
d1=1;
d2=1;
}
```

同时给四个电机前进后退信号，使小车原地不动，即为停止。

4.4.5 左转大弯子程序设计

```
void zuoda(void)        //左转大弯子程序
{
a1=1;
a2=0;
b1=0;
b2=0;
c1=1;
c2=0;
d1=0;
d2=0;
}
```

同时给右边两个电机前进信号，左边两个电机停止信号，小车就会左转大弯，通过延时的长短可控制左转的角度大小。

4.4.6 左转小弯子程序设计

```
void zuoxiao(void)        //左转小弯子程序
{
```

```
a1=1;
a2=0;
b1=0;
b2=1;
c1=1;
c2=0;
d1=0;
d2=1;
}
```

同时给右边两个电机前进信号，左边两个电机后退信号，小车就会左转小弯，通过延时的长短可控制左转的角度大小。

4.4.7　右转大弯子程序设计

```
void youda(void)            //右转大弯子程序
{
a1=0;
a2=0;
b1=1;
b2=0;
c1=0;
c2=0;
d1=1;
d2=0;
}
```

同时给左边两个电机前进信号，右边两个电机停止信号，小车就会右转大弯，通过延时的长短可控制右转的角度大小。

4.4.8　右转小弯子程序设计

```
void youxiao(void)          //右转小弯子程序
{
a1=0;
a2=1;
b1=1;
```

```
b2=0;
c1=0;
c2=1;
d1=1;
d2=0;
}
```

同时给左边两个电机前进信号，右边两个电机后退信号，小车就会右转小弯，通过延时的长短可控制右转的角度大小。

4.4.9 避障子程序设计

```
void bizhang()
{
    if(q4==0)
    {
        ting();
        delay(5);
        if(q5==0)
        {
            zuoda();
            delay(20);
            youda();
            delay(28);
            qian();
            delay(15);
            youda();
            while(1)
            {
                if(q1==1||q2==1||q3==1)
                {
                    qian();
                    delay(3);
                    zuoda();
                    delay(2);
                    while(1)
```

```
                    {
                        if(q1==1||q2==1||q3==1)
                        break;
                    }
                break;
                }
            }
        }
        else
        {
            youda();
            delay(21);
            zuoda();
            delay(30);
            qian();
            delay(10);
            zuoda();
            while(1)
            {
                if(q1==1||q3==1)
                {
                    qian();
                    delay(1);
                    youda();
                    while(2)
                    {
                        if(q1==1||q3==1)
                        break;
                    }
                break;
                }
            }
        }
    }
}
```

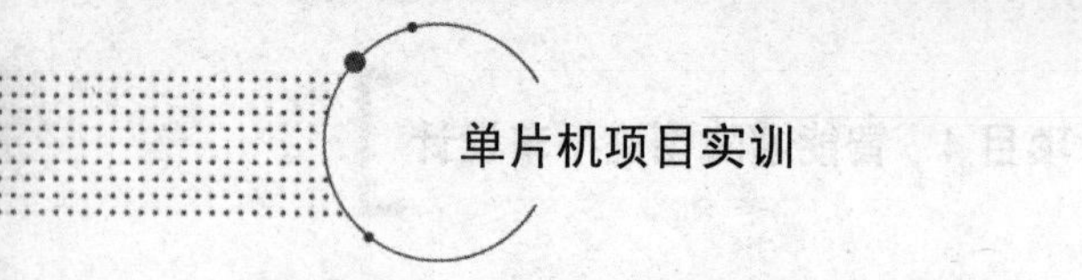

避障子程序流程图如图 4-27 所示。

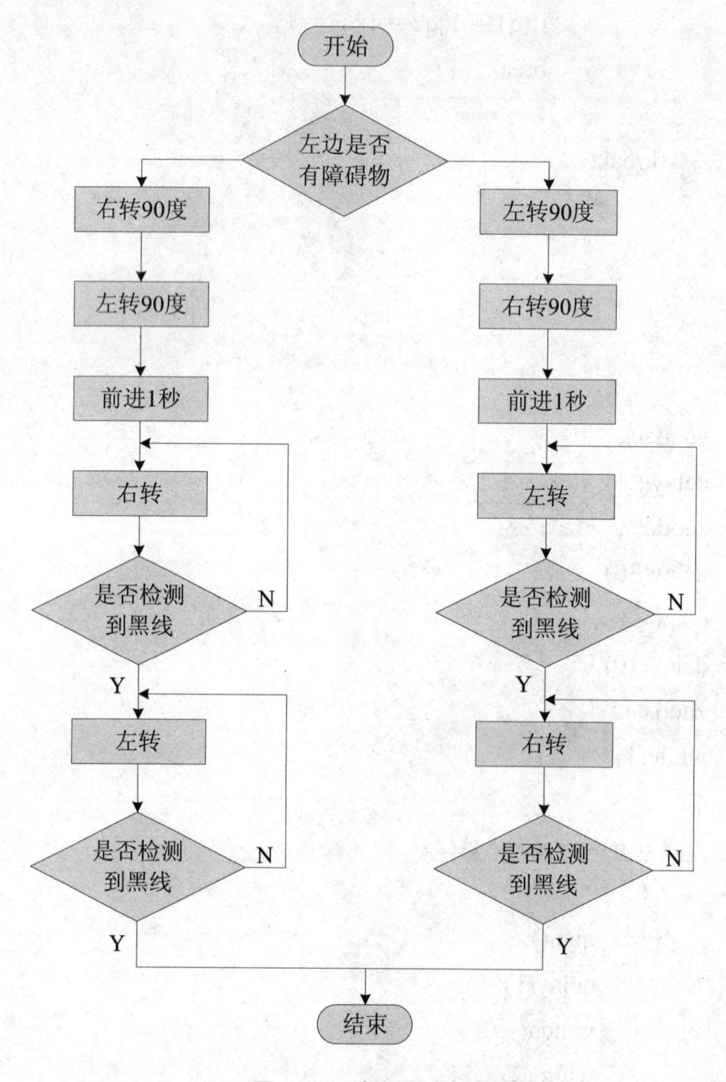

图 4-27　避障子程序流程图

4.4.10　循迹子程序设计

```
void xunji()
{
    if((q1==1&&q2==1&&q3==1)||(q1==0&&q2==1&&q3==0))    //前进
    {
        qian();
        delay(1);
```

```
    }
    if(q1==1&&q2==1&&q3==0)            //左大转
    {
        zuoda();
        z1=0;
        delay(1);
        z1=1;
    }
    if(q1==1&&q2==0&&q3==0)            //左小转
    {
        zuoxiao();
        z1=0;
        delay(1);
        z1=1;
    }
    if(q1==0&&q2==1&&q3==1)            //右大转
    {
        youda();
        y1=0;
        delay(1);
        y1=1;
    }
    if(q1==0&&q2==0&&q3==1)            //右小转
    {
        youxiao();
        y1=0;
        delay(1);
        y1=1;
    }
    if(q1==0&&q2==0&&q3==0)              // 矫位
    {
        hou();
        delay(1);
    }
}
```

循迹子程序流程图如图 4-28 所示。

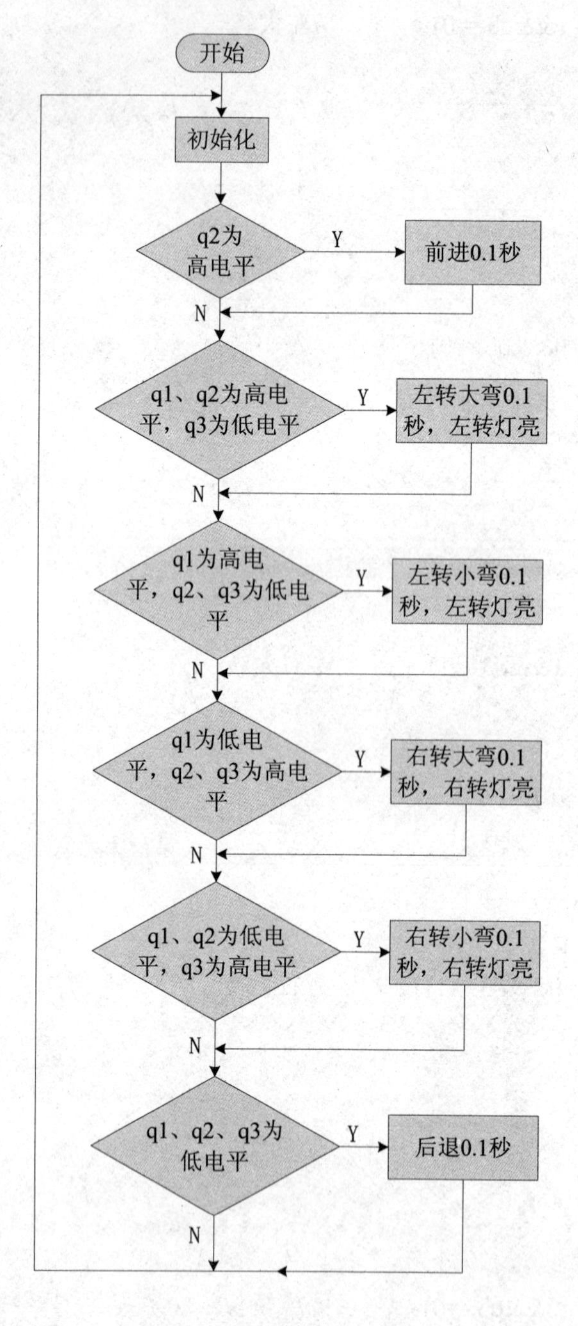

图 4-28　循迹子程序流程图

4.4.11　起始线检测子程序设计

```
void qishixian()
```

```
{
    if(q6==1)
    {
        int i;
        f1=0;y1=0;z1=0;
        for(i=0;i<6;i++)
        {
            delay(10);
            f1=!f1;y1=!y1;z1=!z1;
        }
        f1=1;y1=1;z1=1;
    }
}
```

当起始线探测灯检测到信号时，小车停下来，蜂鸣器响、左右转灯同时闪烁。

4.4.12　主程序设计

```
void main()
{
        while(1)
        {
                bizhang();
                xunji();
                qishixian();
        }
}
```

先判断是否遇到障碍物，如果遇到障碍物就进入避障子程序；如果没有遇到障碍物，就进入循迹子程序。

作品展示、自评与互评

（一）作品展示

1．系统主控板 PCB 图

系统主控板 PCB 图如图 4-29 所示。

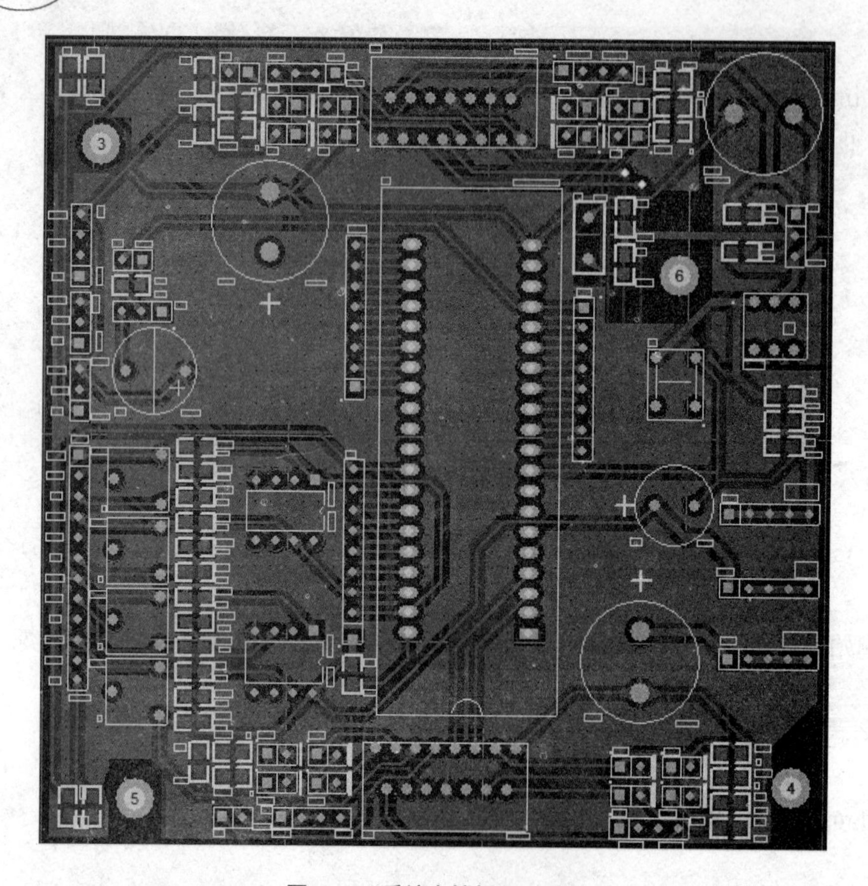

图 4-29　系统主控板 PCB 图

2．小车直线循迹效果及分析

小车要在直线循迹，必须满足中间探测灯为高电平以及两侧探测灯为低电平。如图 4-30 所示，此时小车正在直线循迹，探测灯检测的电平分别为低高低，单片机给四个电机为前进的信号。

图 4-30　小车直线循迹

3．小车弯道循迹效果及分析

小车要在弯道循迹，分为两种情况，即左转和右转，原理基本相同。如图 4-31 所示，此时小车正在左转，右探测灯和中间探测灯电平为高电平，左探测灯为低电平，单片机给电机左转信号，使小车完成左转循迹。

图 4-31　小车弯道循迹

4．小车避障效果及分析

当小车遇到障碍物，障碍探测灯接收到反射回来的红外线时，进入避障功能，小车会先后退一下，让小车可以左转而不撞到障碍物，然后直行，避开障碍物，接着右转回原轨道，继续循迹功能。如图 4-32 所示为小车刚进入避障功能开始左转；如图 4-33 所示为小车绕过障碍物，回到原跑道继续循迹功能。

图 4-32　小车进入避障功能

图 4-33　小车结束避障并且继续循迹

（二）自评

本环节主要考查学生在本项目设计的过程中掌握知识与技能的程度，能够较好地反映项目驱动教学法对学生个人能力提升的意义，也是作为教师后续给学生打分的一项指标。

（三）互评

本环节为项目小组的学生，一般为 3～5 个，学生通过完成本项目的情况，以及在本项目完成过程中的工作与能力的互相评价，也是作为教师最终给予学生评价的一项指标。

教师点评与拓展

1．点评标准

本项目驱动教学法，主要是锻炼学生的综合能力，本项目包括非专业能力和专业能力，其中非专业能力包含学习兴趣、学以致用情况、综合能力情况、协调能力情况、项目管理情况、总结汇报情况、实践操作情况、创意；专业能力包含智能车模型制作情况、主控板 PCB 设计情况、程序设计情况，综合评分可以参考小组的自评与互评情况。教师可以通过表 4-5 大致可以给学生一个客观的评价，本项目驱动教学法得分情况能比较真实地反映学生真正的能力情况，较以往的以考试分数评价学生比较符合当今社会对人才的评价。

表 4-5　本项目教师评分标准

序号	项目	分值
非专业能力得分		
1	学习兴趣	5
2	学以致用情况	5

续表 4-5

序号	项目	分值
非专业能力得分		
3	综合能力情况	5
4	协调能力情况	5
5	项目管理情况	5
6	总结汇报情况	5
7	实践操作情况	15
8	创意	5
专业能力得分		
9	智能车模型制作情况	5
10	主控板 PCB 设计情况	15
11	程序设计情况	15
12	参数整定情况	5
自评与互评得分		
13	自评	5
14	互评	5
总得分		

2．分析布置拓展的知识与技能

学生通过本项目，学习了主控板原理图及 PCB 电路设计、热转印 PCB 制作方法、程序设计（含算法设计）、硬件焊接与测试，理解了智能车的工作原理，掌握了智能车硬件设计方法，掌握了电机驱动电路设计方法，掌握了智能车的循迹程序设计设计方法，掌握了智能车的避障程序设计方法，为了能够达到学以致用的目的，可以自行编写程序，让智能车调整 PWM 占空比，从而让智能车电实现加速与减速运行，以及实现更复杂的循迹与避障。

项 目 5

GSM 烟雾、防盗报警系统设计

项目描述

本项目为设计一个通过检测环境中是否有烟雾来决定是否报警，以及检测是否有人进入规定的区域，当检测到上述信号则通过 GSM 模块发送短信到指定的手机上进行报警，以便通知工作人员。

随着信息技术的迅速发展，健康、安全、舒适、便捷的生活品质成为人们的迫切需要。但随着人们生活水平的提高和生活节奏的加快以及大量家用电器和厨房设施的使用，家庭安全隐患也随之增多。为此建立了一个基于 GSM 网络及短信息平台上的家庭安防系统，设计中采用了 STC89C52 单片机系统、无线 GSM 短信模块及传感器技术。

本文给出了基于短信息平台的家庭安防系统的设计思路和系统组成方案，对主控模块、通信网络、热释电模块、烟雾检测模块、短信模块及接口电路进行了较深入的分析研究。文中设计实现的家庭安防系统具有硬件结构简单、性价比高等优点。模块化的程序结构，使系统功能的扩展非常方便。本文给出的基于短信息平台的家庭安防系统，基本实现了系统的远程报警及控制功能，达到了远程监控家居的目标，具有较好的应用前景。

GSM 烟雾、防盗报警系统包含硬件设计部分与软件设计部分，硬件设计部分主要涵盖的知识技能有：模拟电子技术、数字电子技术、信号处理、印刷电路板设计、单片机、热释电红外线传感器、烟雾传感器 MQ-2、风扇驱动电路等；软件设计部分主要涵盖的知识技能有：C 语言程序设计、传感器信息采集、GSM 短信模块等。

GSM 烟雾、防盗报警系统工作原理如下。

（1）供电环节：系统由稳压电源供电，输入为交流 220 V，输出为直流 5 V，可直接将稳压电源输出端口与电路板上的 DC 电源插座相连接。

（2）功能选择环节：通过主板右下方的按键选择功能，可以选择布防后中间绿灯间断闪烁 1 分钟，然后停止闪烁。

（3）数据采集环节：通过热释电红外传感器、烟雾传感器 MQ-2 采集信息，若有人进入布防区域则发出报警声，并通过 GSM 短信模块向工作人员手机发送短信“有人进入，请注意”。若布防区域中有烟雾出现，并且浓度过高，同样通过 GSM 短信模块向工作人员手机发送短信“有人进入，烟雾浓度过高，请注意”。

项目任务

（1）该设计包括硬件设计和软件设计两个部分。模块划分为数据采集、单片机控制、GSM 短信报警等模块子函数。

（2）本报警系统由热释电红外传感器、烟雾传感器 MQ-2、单片机控制电路、GSM 短信模块及相关的控制管理软件组成。用户终端完成信息采集、处理、数据传送、功能设定、报警信息告知用户等功能。终端由中央处理器、输入按键模块、输出报警模块、GSM 短信模块等部分组成。

（3）系统可实现功能。当工作人员外出时，可把报警系统设置在外出布防状态，探测器工作起来,当有人闯入时，热释电红外传感器将探测到动作，设置在监测点上的红外传感器将人体辐射的红外光谱变换成电信号，经放大电路、比较电路送至门限开关，打开门限阀门送出 TTL 电平至单片机，经单片机处理运算后驱动执行短信报警电路使 GSM 短信模块，向用户发送短信息实现远程防盗报警功能。同理，当烟雾传感器 MQ-2 检测到有烟雾超过阈值，就会将信号送给单片机，单片机控制 GSM 短信模块发送报警短信到指定手机上，并开启蜂鸣器和 LED 报警。

项目目标

（1）通过制作温度显示系统，提高学生动手能力。

（2）通过设计主控板硬件电路，加强学生对模拟电子技术、数字电子技术、印刷电路板设计等知识的理解，掌握电路板布局的技巧，提高硬件设计能力。

（3）通过对该控制系统的编程，使学生深入掌握 C 语言、传感器、单片机、GSM 短信模块 AT 指令功能、按键功能选择程序等知识，提高学生将理论知识应用工程实践的能力。

（4）通过完成该项目，使学生掌握 GSM 烟雾、防盗报警系统工作原理及数据采集程序编写方法。

（5）通过该项目的设计，使学生掌握工程设计的一般流程与思想方法。

项目实施

1．理论支撑

为了能够顺利的完成本项目，在实践之前应该查阅有关模拟电子技术、数字电子技术、印刷电路板设计、热释电红外传感器、烟雾报警器 MQ-2、GSM 模块工作原理、单片机、C 语言、通信原理等知识。

2．操作实践

（1）识图，了解结构及原理。

（2）各小组分析、讨论并制定实施方案。

（3）参考工艺。

（4）结合方案合理准备元器件及设备、材料和工具，分别如表 5-1～表 5-4 所示。

表 5-1　元器件及设备准备

序号	元器件及设备名称	要求	数量
1	万能板 或单面覆铜板	长×宽：10 cm×10 cm 厚度为：1.6 mm	1 块
2	DC 电源插座	DC-005 5.5 mm～2.1 mm	1 个
3	自锁开关	8.5 mm×8.5 mm	1 个
4	电阻	2.2 K，1/4 w	6 个
5	排阻	10 K	1 个
6	电阻	10 K	2 个
7	电阻	1 K	1 个
8	电阻	220 Ω	2 个
9	电容	10 μF	1 个
10	轻触按键	6 mm×6 mm	4 个
11	STC89C52 单片机	DIP40	1 个
12	IC 座	DIP40	1 个
13	IC 座	DIP8	1 个
14	晶振	11.0592 M	1 个
15	电容	22 pF	2 个
16	电解电容	25V 470 μF	1 个
17	三极管	9013	1 个
18	三极管	9012	1 个
19	LED 发光二极管	3 mm、红、绿、黄	各 1 个
20	二极管	1N4007	1 个
21	蜂鸣器	5 V 有源	1 个
22	74HC573	DIP20	1 片
23	单排排针	2.54 mm 间隔	1 条

续表 5-1

序号	元器件及设备名称	要求	数量
24	单排排座	2.54 mm 间隔	1 条
25	电源线或电池盒＋DC 电源插头	3 节电池盒	1 个
26	热释电模块		1 个
27	GSM 模块	SIM900A	1 个
28	SIM 转换卡槽套装		1 个
29	万用板	6 cm×8 cm	1 个
30	烟雾传感器	MQ-2	1 个
31	LM393	DIP8	1 个
32	电位器	103	1 个
33	独石电容	104	2 个
34	电阻	1/4 W，5.1 Ω	1 个

表 5-2　材料准备

序号	材料名称	要求	数量
1	杜邦线	20 cm 长	10 根
2	细导线	线号：30AWG 铜芯，外径：0.55～0.58 mm	2 m
3	焊锡丝	直径 0.8 mm	1 卷
4	焊锡膏	金鸡牌	1 瓶
5	热转印纸	A4	2 张
6	覆铜板腐蚀液	三氯化铁	1 瓶
7	胶带	无	1 卷

表 5-3　工具准备

序号	工具名称	要求	数量
1	电烙铁	35 W	1 把
2	热转印机	300 W	1 台
3	台钻	配 0.8 mm、1 mm 钻头	1 台
4	美工刀	无	1 把
5	剥线钳	无	1 把
6	螺丝刀	小型一字，十字	各 1 把
7	斜口钳	无	1 把
8	台钻	配 0.8 mm、1 mm 钻头	1 台
9	钢锯	无	1 把

表 5-4　量具准备

序号	量具名称	要求	数量
1	卷尺	量程：3 m	1 把
2	毫米刻度尺	量程：30 cm	1 把
3	万用表	数字式	1 台

组织实施

5.1　GSM 烟雾、防盗报警系统原理图设计与 PCB 设计

5.1.1　系统总体原理图

系统总体原理图如图 5-1 所示，烟雾报警器原理图如图 5-2 所示。

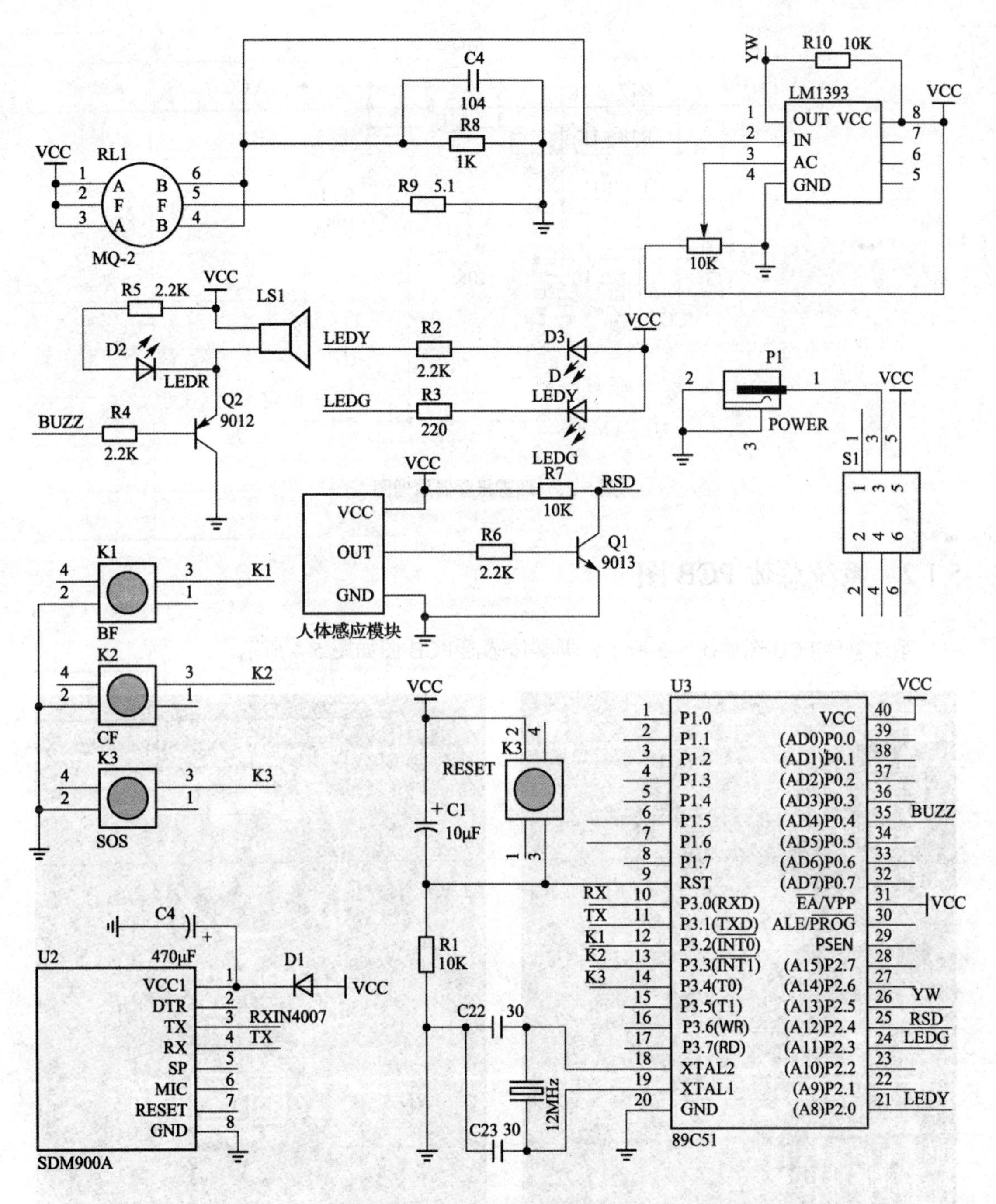
RL1
MQ-2
C4
104
R8
1K
R9 5.1
YW
R10 10K
LM1393
OUT VCC
IN
AC
GND
10K
VCC
R5 2.2K
LS1
D2
LEDR
Q2
9012
BUZZ
R4
2.2K
LEDY
R2
2.2K
D3
LEDG
R3
220
P1
POWER
S1
R7
10K
RSD
R6
2.2K
Q1
9013
OUT
GND
人体感应模块
K1
BF
K2
CF
K3
SOS
RESET
C1
10μF
R1
10K
C22 30
C23 30
12MHz
U2
470μF
D1
RXIN4007
VCC1
DTR
TX
RX
SP
MIC
RESET
SDM900A
U3
89C51
P1.0
P1.1
P1.2
P1.3
P1.4
P1.5
P1.6
P1.7
RST
P3.0(RXD)
P3.1(TXD)
P3.2(INT0)
P3.3(INT1)
P3.4(T0)
P3.5(T1)
P3.6(WR)
P3.7(RD)
XTAL2
XTAL1
(AD0)P0.0
(AD1)P0.1
(AD2)P0.2
(AD3)P0.3
(AD4)P0.4
(AD5)P0.5
(AD6)P0.6
(AD7)P0.7
EA/VPP
ALE/PROG
PSEN
(A15)P2.7
(A14)P2.6
(A13)P2.5
(A12)P2.4
(A11)P2.3
(A10)P2.2
(A9)P2.1
(A8)P2.0

图 5-1　系统总体原理图

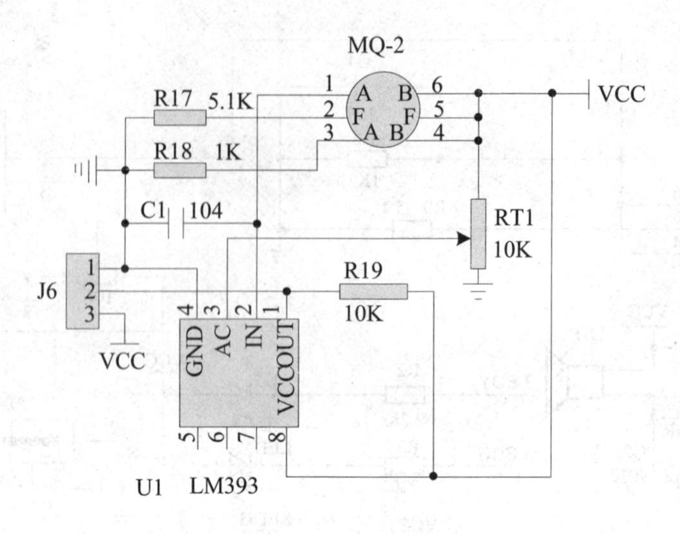

图 5-2 烟雾报警器原理图

5.1.2 系统总体 PCB 图

系统总体 PCB 图如图 5-3 所示，烟雾传感器 PCB 图如图 5-4 所示。

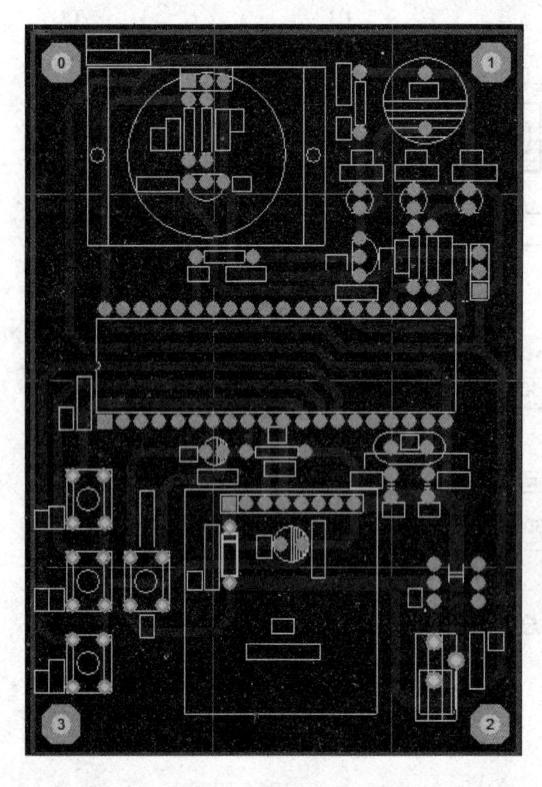

图 5-3 系统总体 PCB 图

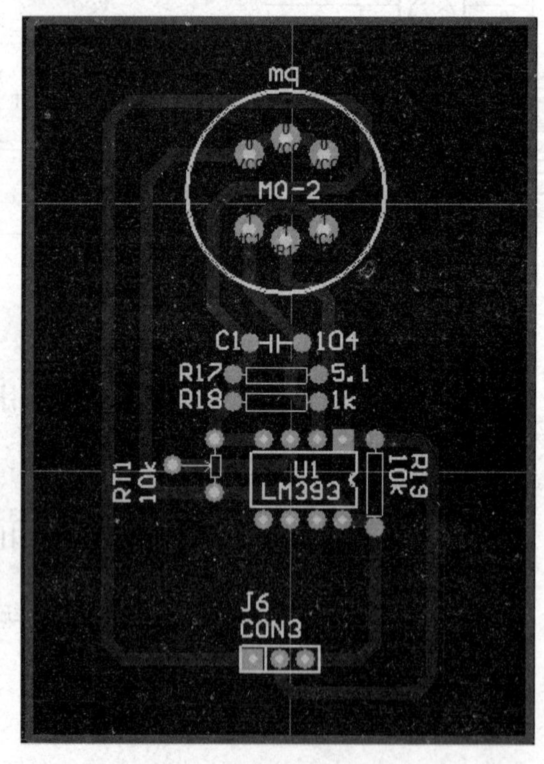

图 5-4 烟雾传感器 PCB 图

5.2　GSM 烟雾、防盗报警系统方案设计

5.2.1　系统总体设计思路

基于 GSM 短信模块的家庭防火防盗报警系统如图 5-5 所示。该系统结构组成为热释电红外传感器、烟雾传感器 MQ-2、单片机控制器、GSM 短信模块和手机短信显示报警模块。

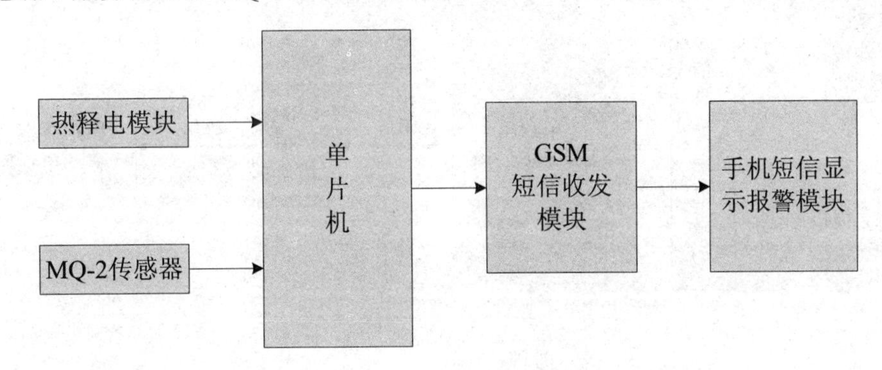

图 5-5　基于 GSM 短信模块的家庭防火防盗报警系统

本系统由热释电红外传感器和烟雾传感器 MQ-2 采集人体经过和烟雾报警信号，将报警信号送入 89C52 控制芯片，控制触发 GSM 短信模块向用户发送防盗报警信息，从而实现家庭用防盗报警系统的功能。

其基本工作原理：利用被动式热释电红外传感器检测人体辐射的红外线，当检测到红外信号变化时，将其转化为微弱的电信号，经过信号处理电路对电信号进行滤波、放大、比较、输出高电平作为报警信息送给单片机。烟雾传感器 MQ-2 检测烟雾，通过 LM393 电压比较器判断是否超限，送给单片机信号。单片机判断是否报警，如果满足报警条件，就会发出控制信号，通过串口控制 GSM 短信模块给用户发短信息，实现防火防盗报警。

5.2.2　系统方案设计

本设计包括硬件设计和软件设计两个部分。模块划分为数据采集、单片机控制、GSM 短信模块报警等子模块。电路结构可划分：热释电红外传感器、烟雾传感器 MQ-2、单片机控制电路、GSM 短信模块及相关的控制管理软件组成。用户终端完成信息采集、处理、数据传送、短信报警等功能。

从设计的核心模块来说，单片机是设计的中心单元，该系统也是单片机应用系统的一种应用。单片机应用系统由硬件和软件组成。硬件包括单片机、输入/输出设备和外围应用

电路等组成的系统；软件是各种工作程序的总称。单片机应用系统的研制过程包括总体设计、硬件设计、软件设计等几个阶段。

从设计的要求来分析，该设计包含热释电红外传感器、烟雾传感器 MQ-2、信号处理电路、单片机 STC89C52RC、复位电路、GSM 短信模块、用户终端（移动电话）及相关的控制管理软件组成。总体设计框图如图 5-6 所示。

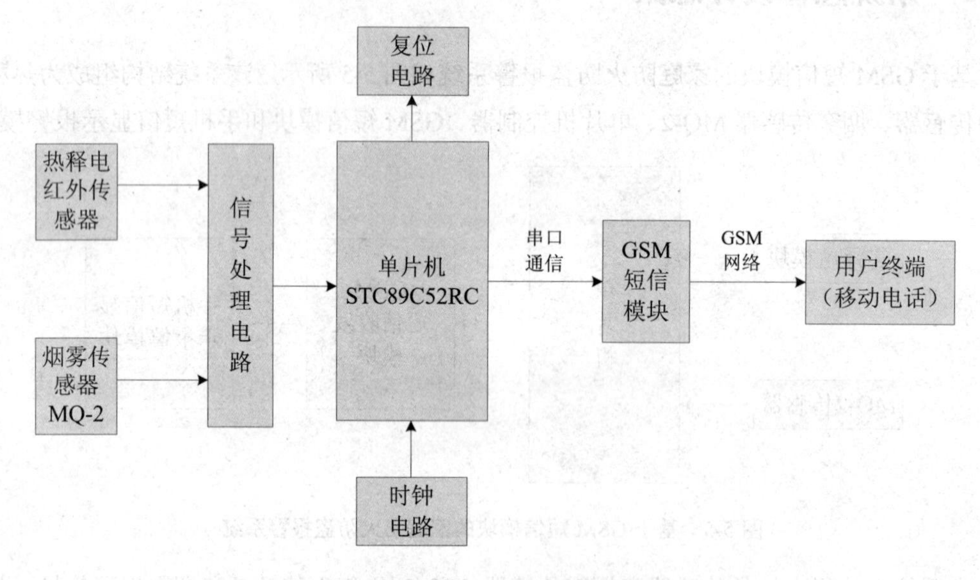

图 5-6　总体设计框图

处理器采用 51 系列单片机 89C52，整个系统是在系统软件控制下工作的。设置在监测点上的红外探头将人体辐射的红外光谱变换成电信号，经放大电路、比较电路送至门限开关，打开门限阀门送出 TTL 电平至 51 单片机。在单片机内，经软件查询、识别判决等环节实时发出入侵报警状态控制信号。驱动电路将控制信号放大并推动 GSM 模块向事先设定好的用户发送报警信息，从而实现相应报警功能。当报警延迟 10 s 一段时间后自动解除，也可人工手动解除报警信号，当警情消除后复位电路使系统复位。

5.3　传感器简介

5.3.1　热释电红外线感器简介

被动式红外探测器不需要附加红外辐射光源，本身不向外界发射任何能量，而是由探测器直接探测来自移动目标的红外辐射，因此才有被动式之称。被动式红外探测器是利用热释电效应进行探测的。被动式红外探测器又称为热释电红外传感器，其主要工作原理是热释电效应。热释电效应是指如果使某些强介电质材料的表面温度发生变化，则随着温度的上升或下降，材料表面发生极化，即表面上就会产生电荷的变化，从而使物质表面电荷失去平衡，最终电荷变化将以电压或电流形式输出。

热释电红外传感器通过接收移动人体辐射出的特定波长的红外线，可以将其转化为与人体运动速度、距离、方向有关的低频电信号。当热释电红外传感器受到红外辐射源的照射时，其内部敏感材料的温度将升高，极化强度减弱，表面电荷减少，通常将释放掉的这部分电荷称为热释电电荷。由于热释电电荷的多少可以反映出材料温度的变化，所以由热释电电荷经电路转变成的输出电压也同样可以反映出材料温度的变化，从而探测出红外辐射能量的变化。红外探测器的光学系统可以将来自多个方向的红外辐射能量聚焦在探测器上，这样红外探测器就可以探测到某一个立体探测空间内热辐射的变化。

当防范区域内没有移动的人体时，由于所有的背景物体（如墙壁、家具等）在室温下红外辐射的能量比较小，而且基本上是稳定的，所以不能触发报警器。当有人体突然进入探测区域时，会造成红外辐射能量的突然变化，红外探测器将接收到的活动人体与背景物体之间的红外热辐射能量的变化转化为相应的电信号，电信号的大小取决于敏感元件温度变化的快慢，经过后级比较器与状态控制器产生相应的输出信号 U，送往报警器，发出报警信号。红外探测器的探测波长为 8～14 μm，人体的红外辐射波长正好处于这个范围之内，因此能较好的探测到活动的人体。被动式红外探测器属于空间控制型探测器，其警戒范围在不同方向呈多个单波束状态，组成锥体感热区域，构成立体警戒。

由于被动式红外技术具有监测距离较远，灵敏度较高，节能价廉等优点，本课题采用红外探测器作为报警探测器，并在设计中增加了自动声光报警的功能，使报警系统更加趋于完善。

5.3.2　热释电红外传感器电路图

热释电红外（PIR）传感器是 20 世纪 80 年代发展起来的一种新型高灵敏度探测元件。是一种能检测人体发射的红外线而输出电信号的传感器，它能组成防入侵报警器或各种自动化节能装置。它能以非接触形式检测出人体辐射的红外线能量的变化，并将其转换成电压信号输出。将这个电压信号加以放大，便可驱动各种控制电路。热释电红外传感器的内部电路框图如图 5-7 所示。

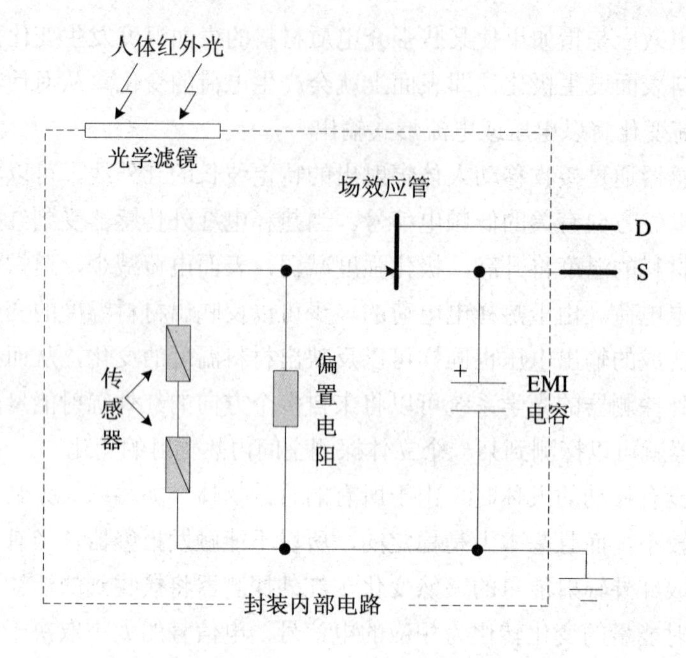

图 5-7 热释电红外传感器的内部电路框图

5.3.3 被动式热释电红外传感器的工作原理及特性

人体的体温一般在 37℃，会发出特定波长 10 μm 左右的红外线。被动式热释电红外传感器是靠探测人体发射的 10 μm 左右的红外线而进行工作的。人体发射的红外线通过菲涅尔滤光增强后聚焦到红外感应源上。红外感应源通常采用热释电元件，这种元件在接收到人体红外辐射温度发生变化时会失去电荷平衡，向外释放电荷，经后续电路检测处理后能产生报警信号。

由于此传感器是以探测人体辐射为目标的，所以热释电元件对波长为 10 μm 左右的红外辐射必须非常敏感。为了仅仅对人体的红外辐射敏感，在它的辐射面通常覆盖有特殊的菲涅尔滤光片，使环境的干扰受到明显的控制作用。

被动热释电红外传感器包含两个互相串联的热释电元，而且制成的两个电极化方向正好相反，环境背景辐射对两个热释元件几乎具有相同的作用，使其产生的释电效应相互抵消，因此探测器无信号输出。

一旦人侵入探测区域内，人体红外辐射通过部分镜面聚焦，并被热释电元件接收，但是两片热释电元接收到的热量不同，热释电也不同，不能抵消，经信号处理后即可报警。

根据性能要求不同，菲涅尔滤光片具有不同的焦距（感应距离），从而产生不同的监控视场，视场越多，控制越严密。

5.3.4　烟雾传感器 MQ 2 简介

（一）传感器介绍

烟雾传感器是测量装置和控制系统的重要环节。而烟雾报警器的信号采集由烟雾传感器负责。烟雾传感器能够将气体的种类及其浓度有关的信息转换为电信号，根据这些电信号的强弱就可以获得与待测气体在环境中存在的情况有关的信息，从而达到检测、监控、报警的功能。可以说，没有精确可靠的传感器，就没有精确可靠的自动检测、控制和报警系统。烟雾传感器作为报警器中不可或缺的核心器件，它决定了所采集的烟雾浓度信号的准确性和可靠性。烟雾传感器及其结构图如图 5-8 所示。

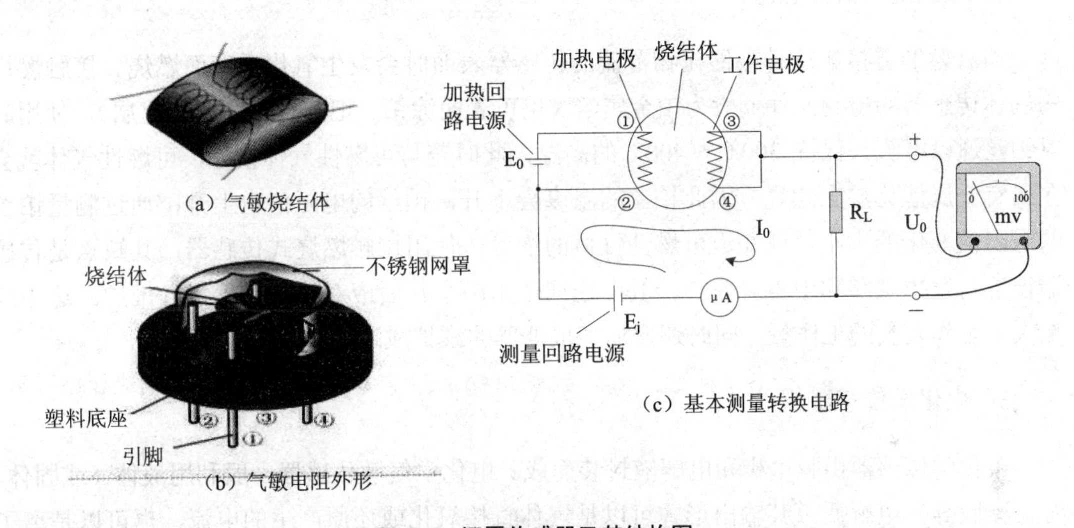

图 5-8　烟雾传感器及其结构图

烟雾传感器是模拟传感器，属于气敏式烟雾传感器，是气、电变换器，它将可燃性气体在空气中的含量（即浓度）转化成电压或者电流信号，通过 A/D 转换电路将模拟量转换成数字量后送到单片机，进而由单片机完成数据处理、浓度处理及报警控制等工作。它能将空气中的烟雾的浓度的变量转换成有一定对应关系的输出信号的装置。烟雾型传感器就是通过监测环境中烟雾浓度来实现火灾防范的。在国内的产品中，无论哪家生产的烟雾探测器，都可以探测到火灾的发生，都具有比较高的灵敏度，而且在安装中都比较简单。但是，由于各生产的设备不可通用，独立为正，不但不可彼此互相代替，更不可以互相通信。使得用户面对众多厂家生产的烟雾探测器感到不知所措。而这也正是国内产品市场的一个重大缺陷。

1．半导体烟雾传感器（半导体气敏传感器）

半导体烟雾传感器包括用氧化物半导体陶瓷材料作为敏感体制作的烟雾传感器，以及用单晶半导体器件制作的烟雾传感器。半导体烟雾传感器是利用气体在半导体表面的氧化和还原反应导致敏感元件阻值变化而制成的。按敏感机理分类，半导体烟雾传感器可分为电阻式和非电阻式。当半导体接触到气体时，半导体的电阻值将发生变化，利用传感器输出端阻值的变化来测定或控制气体的有关参数，这种类型的传感器称为电阻式半导体气敏传感器；当MOS场效应管在接触到气体时，场效应管的电压将随周围气体状态的不同而发生变化，利用这种原理制成的传感器被称为非电阻式半导体气敏传感器。

自1962年半导体金属氧化物烟雾传感器问世以来，由于具有灵敏度高、响应快、输出信号强、耐久性强、结构简单、体积小、维修方便、价格便宜等优点，得到了广泛的应用。但是其最大的缺点就是选择性较差。

2．接触燃烧式传感器

当易燃烟雾接触这种被催化物覆盖的传感器表面时会发生氧化反应而燃烧。接触燃烧式气体传感器的检测元件一般为铂金属丝（也可表面涂铂、钯等稀有金属催化层），使用时对铂丝通以电流，保持300℃～400℃的高温，此时若与可燃性气体接触，可燃性气体就会在稀有金属催化层上燃烧，因此铂丝的温度会上升，铂丝的电阻值也上升；通过测量铂丝的电阻值变化的大小，就知道可燃性气体的浓度。使用接触燃烧式传感器，其缺点是传感器很容易发生阻缓和中毒现象。一般在连续使用两个月后应对该传感器进行维护。这不仅加大了工作人员的工作量，同时还增加了报警器的维护成本。

3．电化学传感器

电化学传感器由膜电极和电解液封装而成。电化学气敏传感器一般利用液体（或固体、有机凝胶等）电解质，其输出形式可以是气体直接氧化或还原产生的电流，也可以是离子作用于离子电极产生的电动势。即烟雾浓度信号将电解液分解成阴阳带电离子，通过电极将信号传出。其优点是响应快而准确、具有稳定性、能够定量检测，但寿命较短（大约两年）。它主要适用于毒性烟雾检测。目前国际上绝大部分毒气检测采用该类型传感器。

4．高分子烟雾传感器

利用高分子气敏元件制作的烟雾传感器近年来得到很大的发展。高分子气敏元件在遇到特定烟雾时，其电阻、介电常数、材料表面声波传播速度和频率、材料重量等物理性能发生变化。高分子气敏元件由于具有易操作性、工艺简单、常温选择性好、价格低廉、易与微结构传感器和声表面波器件相结合，在毒性烟雾和食品鲜度等方面的检测中具有重要作用。高分子烟雾传感器具有对特定烟雾分子灵敏度高，选择性好，且结构简单，能在常温下使用，可以弥补其他烟雾传感器的不足。

5. 离子感烟传感器

离子感烟传感器对于火灾初起和阴燃阶段的烟雾气溶胶检测非常有效，可测烟雾粒径范围为 0.03 μm～10 μm。它在内外电离室里有放射源镅 241。由于它能使两极板间空气分子电离为阳离子和阴离子，使电极之间原来不导电的空气具有导电性。在正常的情况下，内外电离室的电流、电压都是稳定的。当火灾发生时，烟雾粒子进入电离室后，电力部分（区域）的阳离子和阴离子被吸附到烟雾粒子上，使阳离子和阴离子相互中和的概率增加，从而将烟雾粒子浓度大小以电流变化量大小表示出来，实现对火灾参数的检测。

根据报警器检测烟雾种类的不同要求，很多场合都会选择使用半导体烟雾传感器。经过对比众多烟雾传感器的应用特性，发现半导体烟雾传感器的优点更加突出。半导体烟雾传感器具有灵敏度高、响应快、体积小、结构简单、使用方便、价格低廉等优点，且不会发生传感器阻缓及中毒现象，维护成本较低，因而得到广泛应用。因此，本设计中的烟雾传感器选用 MQ-2 半导体气体烟雾传感器。

（二）MQ-2 半导体烟雾传感器

MQ-2 半导体传感器是以清洁空气中电导率较低的金属氧化物二氧化锡（SnO_2）为主体的 N 型半导体气敏元件。当传感器所处环境中存在烟雾气体时，传感器的电导率随空气中烟雾气体浓度的增加而增大。在设计报警器时只有使用简单的电路即可将电导率的变化转换为与该气体浓度相对应的输出信号。该传感器具备一般半导体烟雾传感器灵敏度高、电导率变化大、响应和恢复时间短、抗干扰能力强、输出信号大、寿命长和工作稳定等优点，在市面上应用十分广泛。

二氧化锡（SnO_2）半导体气敏元件具有以下几个特点。

（1）SnO_2 材料的物理、化学稳定性较好，与其他类型气敏元件相比，SnO_2 气敏元件寿命长、稳定性好、耐腐蚀性强。

（2）SnO_2 气敏元件对气体检测是可逆的，且吸附、脱离时间短，可连续长时间使用。

（3）SnO_2 气敏元件结构简单，成本低，可靠行较高，机械性能良好。

MQ-2 气敏元件结构由微型 AL_2O_3 型陶瓷管、SnO_2 敏感层、测量电极与加热器构成的元件固定，加热器为气敏元件，提供了工作条件。其特点是简单耐用。

MQ-2 半导体气体烟雾传感器适用于烟雾、天然气、煤气、氢气、烷类气体、汽油、煤油、乙炔、氨气等的检测，对可燃性气体的（CH_4、C_4H_{10}、H_2 等）的检测很理想。这种传感器在较宽的浓度范围内对烟雾气体有良好的灵敏度，能够检测多种可燃性气体，十分适合应用在家庭的气体泄漏报警器中，是一款便携式气体检测器，非常适合多种应用的低成本传感器。其技术指标表如表 5-5 所示。

表 5-5　MQ-2 的技术指标

加热电压（VH）	AC 或 DC5±0.2 V
回路电压（VC）	最大 DC24V
负载电阻（RL）	2 KΩ
清洁空气中电阻（Ra）	<=2000 KΩ
灵敏度	>=4（在 1000 ppm C4H10 中）
响应时间	<=10 S
恢复时间	<=30 S
元件功耗	<=0.7 W
检测范围	50～10000 ppm
使用寿命	2 年

5.3.5　SIM900A 短信模块简介

GSM 通信模块是数据传输的通信核心。SIM900A 可以快速安全可靠地实现系统方案中的数据、语音传输、短消息服务和传真。

SIM900A 是一个 2 频的 GSM/GPRS 模块，工作的频段为：EGSM 900 MHz 和 DCS 1800 MHz。SIM900A 支持 GPRS multi-slot class 10/ class 8（可选）和 GPRS 编码格式 CS-1、CS-2、CS-3 和 CS-4。模块和用户移动应用的物理接口为 68 个贴片焊盘，提供了模块和客户电路板的所有硬件接口。其主串口和调试串口可以帮助用户轻松地进行开发应用。SIM900A 内嵌 TCP/IP 协议，扩展的 TCP/IP AT 命令让用户能够很容易使用 TCP/IP 协议，这些在用户做数据传输方面的应用时非常有用。模块的工作电压为 3.4 V～4.5 V。该模块有 AT 指令集接口，支持文本和 PDU 模式的短消息等。常用工作模式有正常工作、掉电模式、最小功能模式等模式。

全功能 UART 接口，天线连接器和天线焊盘。SIM900A 是紧凑型、高可靠性的无线模块，采用 SMT 封装的双频 GSM/GPRS 模块解决方案，采用功能强大的处理器 ARM9216EJ-S 内核，能满足低成本、紧凑尺寸的开发要求，通过 AT 命令控制（GSM07.07、07.05 和增强 AT 命令）。SIM900A 实物图如图 5-9 所示。

图 5-9　SIM900A 实物图

SIM900A 功能图如图 5-10 所示，SIM900A 主要特性如表 5-6 所示。

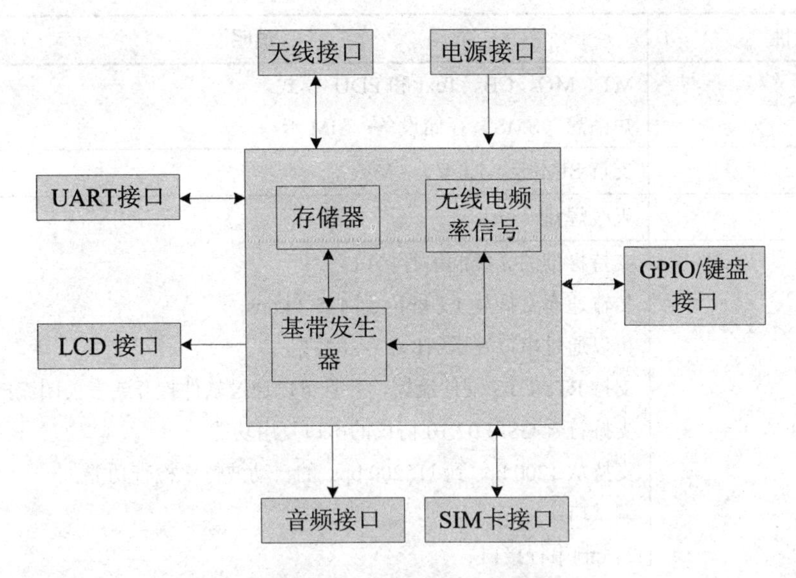

图 5-10　SIM900A 功能图

表 5-6　SIM900A 主要特性

特性	说明
供电	单电压：3.4 V～4.5 V
频段	SIM900A 两频：EGSM 900 和 DCS 1800，M900A 可以自动的搜寻两个频段。也可以通过 AT 命令来设置频段。 符合 GSM Phase 2/2＋
GSM 类型	小型移动台
发射功率	Class 4（2 W）：EGSM 900 Class 1（1 W）：DCS 1800
GPRS 连接特性	GPRS multi-slot class 10（默认） GPRS multi-slot class 8（可选） GPRS mobile station class B
GPRS 数据特性	GPRS 数据下行传输：最大 85.6 kbps
电路交换（CSD）	GPRS 数据上行传输：最大 42.8 kbps 编码格式：CS-1、CS-2、CS-3 和 CS-4 支持通常用于 PPP 连接的 PAP（密码验证协议）协议 内嵌 TCP/IP 协议 支持分组广播控制信道（PBCCH） CSD 传输速率：2.4 kbps、4.8 kbps、9.6 kbps、14.4 kbps 支持非结构化补充数据业务（USSD）

续表 5-6

特性	说明
短消息（SMS）	MT、MO、CB、Text 和 PDU 模式 短消息（SMS）存储设备：SIM 卡
SIM 卡接口	支持 SIM 卡：1.8 V，3 V
天线接口	天线焊盘
串口和调试口	支持标准的 8 线制串行接口 传输速率支持从 1.2 kbps 到 115.2 kbps 可以通过串口发送 AT 命令和数据 支持 RTS/CTS 硬件流控，并且可以通过软件打开或者关闭流控功能 支持符合 GSM 07.10 协议的串口复用功能 支持从 1200 bps 到 115200 bps 的自动波特率检查功能 调试口： 2 线制串行接口 用于调试和软件升级
实时时钟（RTC）	支持

5.3.6 GSM 模块接口设计

SIM900A 模块主要通过串口与单片机进行连接，从而单片机实现对 SIM900A 模块的控制。SIM900A 的串口提供了多条控制线，包含数据信号线 TXD 和 RXD，状态信号线 RTS 和 CTS，控制信号线 DTR、DCD、DSR 和 RI。RXD 数据接收信号线用于接收来自单片机的数据。接 22 欧姆电阻后与单片机数据发送端口 TXD1 即 P0.1 相接。TXD 数据发送信号线用于向单片机发送数据。接 22 欧电阻后与单片机 RXD1 即 P0.0 相接。RTS 发送请求信号线，接 22 欧姆电阻后与单片机 P1.5 口相连。CTS 发送清除信号线，接 22 欧姆电阻后与单片机 P1.4 口相连。RI 振铃指示信号线，接 22 欧姆电阻后与单片机 P1.7 口相连。DSR 数据设备准备信号线，接 22 欧姆电阻后与单片机 P1.2 口相连。DCD 数据载波检测信号线，接 22 欧姆电阻后与单片机 P1.3 口相连。DTR 数据终端准备信号线，接 P1.6 接 22 欧姆和 15 K 电阻后与单片机 P1.6 口相连。

对 SIM900A 模块通信的控制可以通过软件来实现，采用软件实现控制具有使用灵活等特点，也很好地避免了过多硬件信号的检测。在设计时 SIM900A 模块的电源引脚并连在一起，由于 SIM900A 是一个功能完全的模块，因此不需要做任何的信号处理与射频处理。另外 SIM900A 模块还需要连接 SIM 卡座，这样才能够实现一个完整独立的 GSM 终端。SIM900A 模块接口如图 5-11 所示。

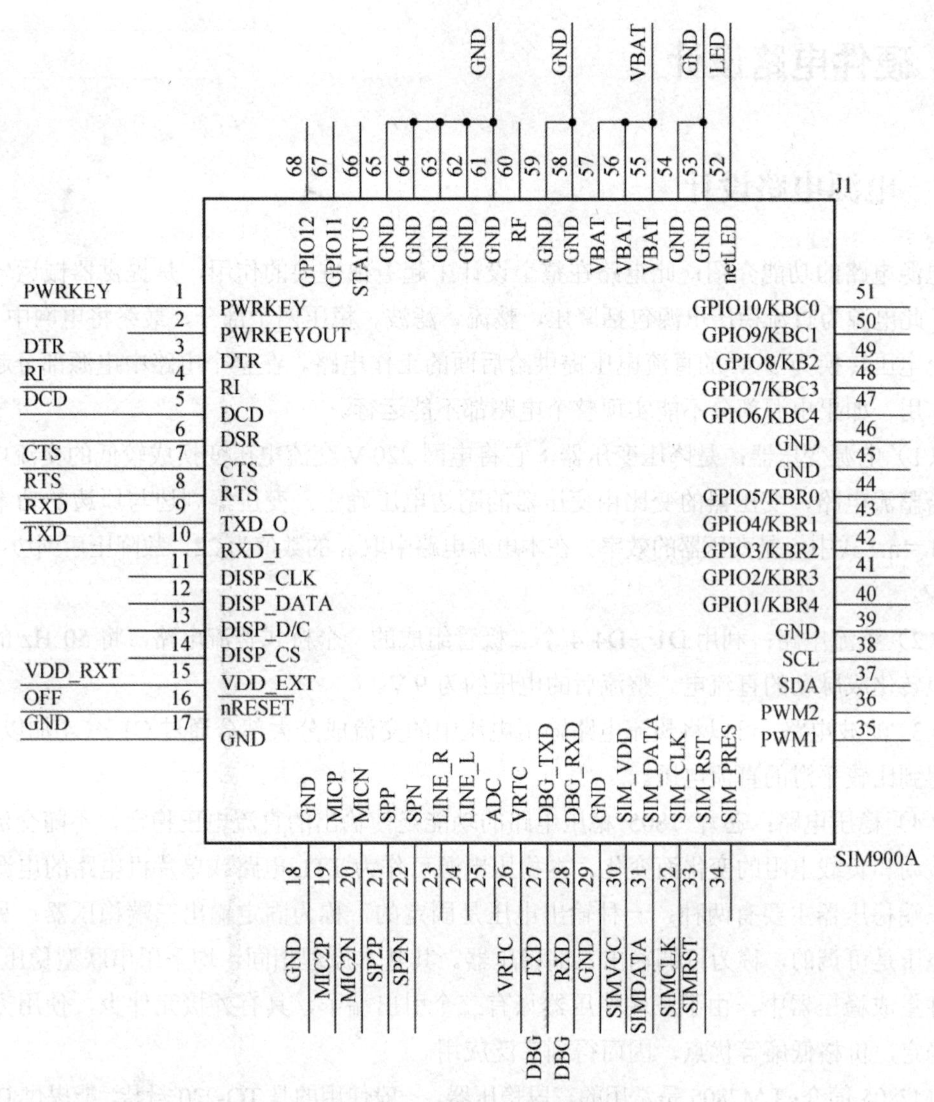

图 5-11　SIM900A 模块接口

在进行串口设计时，虽然 SIM900A 模块串口引脚的工作电平是 CMOS 电平，单片机串口引脚的工作电平是 TTL 电平，但由于单片机的高电平和低电平的逻辑判断电平可以实现 SIM900A 的引脚进行连接，因此 TC35 模块的串口线直接与单片机的串口线进行连接。SIM900A 模块的 NETLIGHT 引脚用来指示 GSM 模块的工作状态，连接一个指示灯来指示工作状态。

5.4 硬件电路设计

5.4.1 电源电路设计

电源电路的功能介绍：此电路在整个设计中起着很重要的作用，是提供器械运转的原动力。此电源为直流稳压电源包括降压、整流、滤波、稳压四个部分，最终将电网中 220 V 的交流电压转换为 5 V 的直流电压提供给后面的工作电路。在整个电路中电源部分起到重要的作用，如果电源部分不能实现整个电路都不能运行。

（1）电源变压器：是降压变压器，它将电网 220 V 交流电压变换成较低的交流电压，并送给整流电路，变压器的变比由变压器的副边电压确定。变压器副边与原边的功率比为 P2/ P1＝η，式中 η 是变压器的效率。在本电源电路中取 η 的数值为 22，故降压后副边电压值为 10 V。

（2）整流电路：利用 D1～D4 4 个二极管组成的一个桥式整流电路，将 50 Hz 的正弦交流电转化成脉动的直流电。整流后的电压约为 9 V。

（3）滤波电路：可以将整流电路输出电压中的交流成分大部分通过 C1～C4 加以滤除，从而得到比较平滑的直流电压。

（4）稳压电路：芯片 7805 稳压电路的功能是使输出的直流电压稳定，不随交流电网电压波动和负载电阻的变化而变化。本稳压电源可作为 TTL 电路或单片机电路的电源。

三端稳压器主要有两种：一种输出电压是固定的，称为固定输出三端稳压器；另一种输出电压是可调的，称为可调输出三端稳压器。其基本原理相同，均采用串联型稳压电路。在线性集成稳压器中，由于三端稳压器只有三个引出端子，具有外接元件少，使用方便，性能稳定，价格低廉等优点，因而得到广泛应用。

LM7805 简介：LM7805 是常用的三段稳压器，一般使用的是 TO-220 封装，能提供 DC 5 V 的输出电压，应用范围广，内含过流和过载保护电路。直流稳压电源电路如图 5-12 所示。

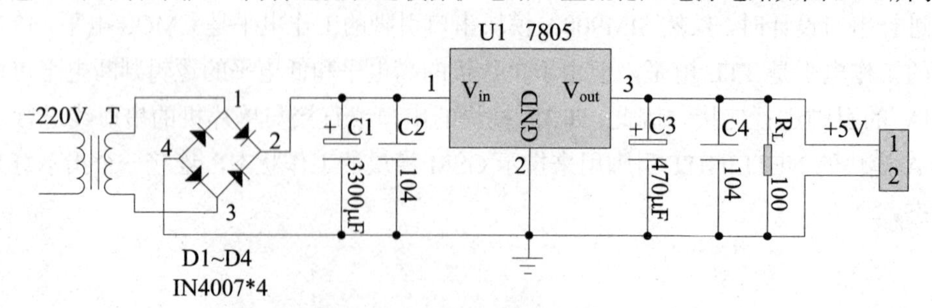

图 5-12 直流稳压电源电路

5.4.2　红外探测信号输入电路

红外探测信号输入部分由红外线传感器、信号放大电路、电压比较器、数字信号输入电路组成。当工作中的红外线传感器 J1 探测到前方人体辐射出的红外线信号时，由 J1 的 S 端引脚输出微弱的电信号（1～10 Hz），经三极管 Q1 等组成第一级放大电路放大（如图 5-13 所示），再通过 C2 输入到运算放大器 U1A 中进行高增益、低噪声放大（如图 5-14 所示，此时由 U1A 输出的信号已足够强。如图 5-15 所示，U1B 是电压比较器，二级放大信号 OUT2 由运放芯片 U1B 中 5 脚输入，R6、R7、R9、D1 组成基准电压电路，输入信号与反向输入端基准电压比较，一旦有人闯入监控的范围内，热释电红外线传感器监测到信号后，发出一个微弱的交变信号，经两级交流放大后，与基准电压进行比较，此时，经过放大的信号大于基准电压。通过 U1B 的比较，其输出电平为运放工作电压高电平 5 V，三极管 Q2 导通，J2 输出为低电平；当 OUT2 端输入没有信号时，输出为 0 V，所以三极管 Q2 截止，J2 引脚输出为高电平。调试时，在红外线传感器前人走动，调整 R9，直到 J2 引脚输出为低电平。

如图 5-13 所示，R1 是源极电阻，其阻值可以根据实际情况进行调整；产生的微弱信号由 S9014 进行放大。S9014 是 NPN 型三极管，其 IC 静态工作电流达 100 mA，放大倍数最大可达 1000 倍。R3 给 S9014 提供静态基极电压。放大后的信号由 C2 耦合到下一级。

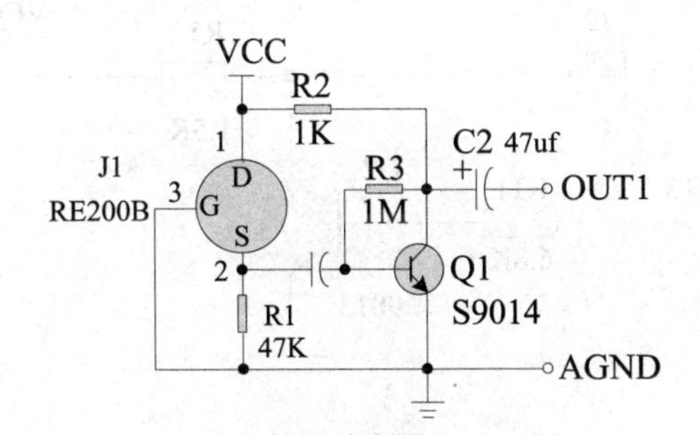

图 5-13　第一级放大电路图

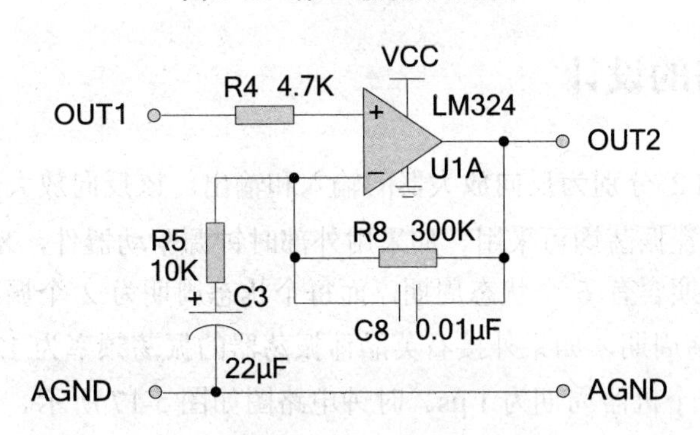

图 5-14　二级放大电路图

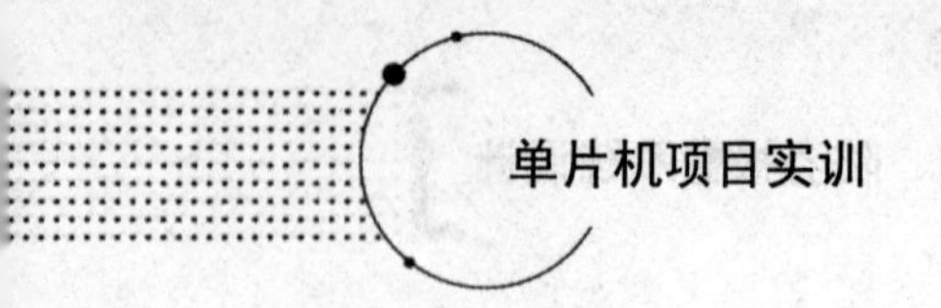

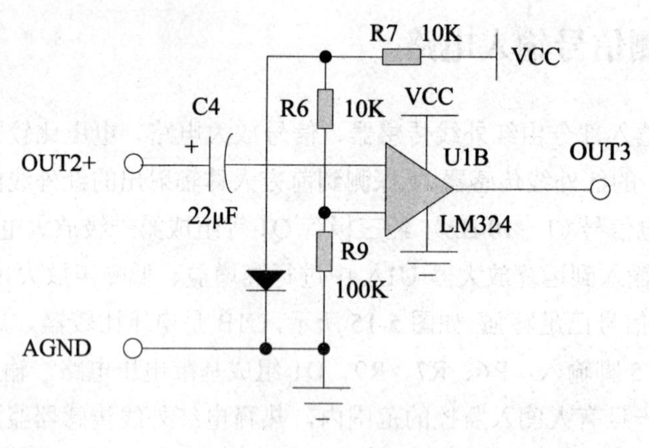

图 5-15　电压比较器电路图

如图 5-16 所示，用三极管 S9013 把 OUT3 的信号转换成单片机的入口电平信号。其主要原因是，当产生报警信号后，OUT3 输出约为 5 V 的工作电压，需要用三极管将其转换成低电平。这样，当有报警信号时，J2 引脚输出低电平，将给单片机一个低电平，而这样一个低电平信号将使单片机退出低功耗状态，同时唤醒整个电路；而没有报警时，将输出持续的高电平。

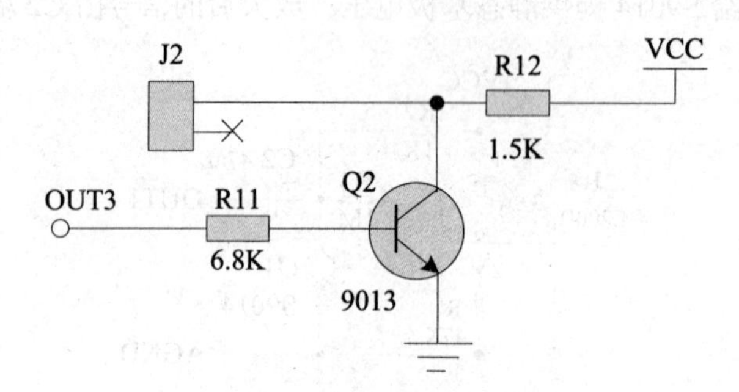

图 5-16　数字信号输入电路

5.4.3　时钟电路的设计

XTAL1 和 XTAL2 分别为反向放大器的输入和输出。该反向放大器可以配置为片内振荡器。石晶振荡和陶瓷振荡均可采用。如采用外部时钟源驱动器件，XTAL2 应不接。

因为一个机器周期含有 6 个状态周期，而每个状态周期为 2 个振荡周期，所以一个机器周期共有 12 个振荡周期，如果外接石英晶体振荡器的振荡频率为 12 MHz，一个振荡周期为 1/12 μs，故而一个机器周期为 1 μs。时钟电路图如图 5-17 所示。

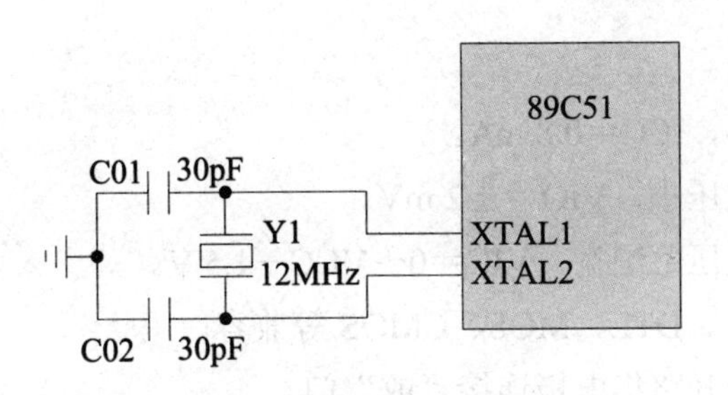

图 5-17　时钟电路图

5.4.4　复位电路的设计

复位方法一般有上电自动复位和外部按键手动复位，单片机在时钟电路工作以后，在 RESET 端持续给出 2 个机器周期的高电平时就可以完成复位操作。例如使用晶振频率为 12 MHz 时，则复位信号持续时间应不小于 2 μs。本设计采用的是外部手动按键复位电路。复位电路图如图 5-18 所示。

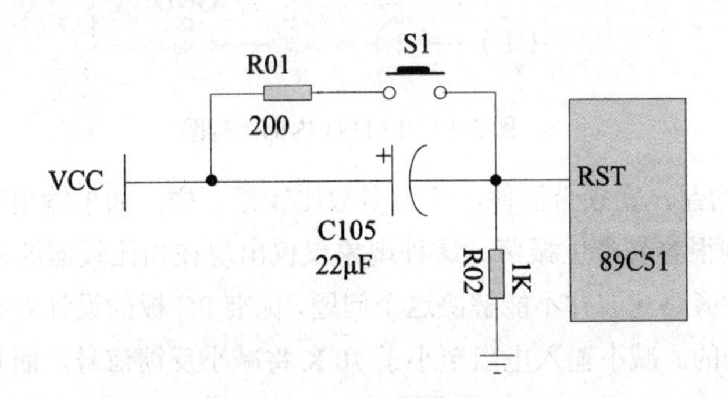

图 5-18　复位电路图

5.4.5　烟雾检测电路设计

（一）传感器选型

当火灾发生时都会产生烟雾或者可燃气体泄漏，所以选择高灵敏度的 MQ-2 传感器，可以对烟雾和可燃气体敏感，都可以检测到并输出信号，通过 LM393 输出 TTL 电平信号输送给单片机。

（二）LM393 简介

LM393 主要特点如下。

（1）工作电源电压范围宽，单电源、双电源均可工作。单电源：2 V～36 V；双电源：±1 V～±18 V。

（2）消耗电流小，ICC＝0.8 mA。

（3）输入失调电压小，VIO＝±2 mV。

（4）共模输入电压范围宽，VIC＝0～VCC－1.5 V。

（5）输出与 TTL、DTL、MOS、CMOS 等兼容。

（6）输出可以用开路集电极连接“或”门。

采用双列直插 8 脚塑料封装（DIP8）和微形的双列 8 脚塑料封装（SOP8）。LM393 引脚图及内部框图如图 5-19 所示。

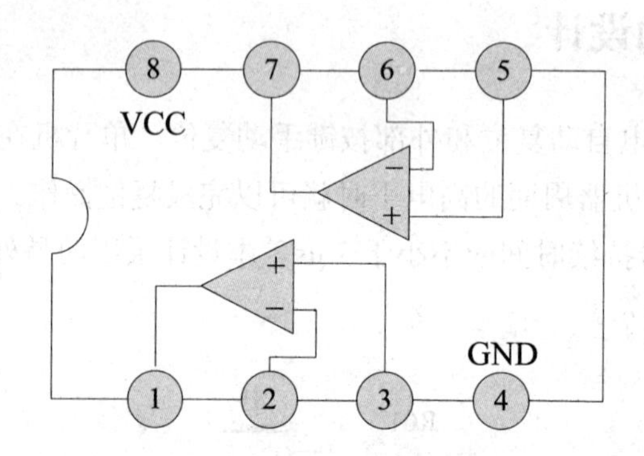

图 5-19　LM393 内部结构图

LM393 是高增益，宽频带器件，象大多数比较器一样，如果输出端到输入端有寄生电容而产生耦合，则很容易产生振荡。这种现象仅仅出现在当比较器改变状态时，输出电压过渡的间隙电源加旁路滤波并不能解决这个问题，标准 PC 板的设计对减小输入—输出寄生电容耦合是有帮助的。减小输入电阻至小于 10 K 将减小反馈信号，而且增加甚至很小的正反馈量（滞回 1.0 mV～10 mV）能导致快速转换，使得不可能产生由于寄生电容引起的振荡。除非利用滞后，否则直接插入 IC 并在引脚上加上电阻将引起输入—输出在很短的转换周期内振荡，如果输入信号是脉冲波形，并且上升和下降时间相当快，则滞回将不需要。

比较器的所有没有用的引脚必须接地。LM393 偏置网络确立了其静态电流与电源电压范围 2.0 V～30 V 无关。通常电源不需要加旁路电容，差分输入电压可以大于 VCC 并不损坏器件。保护部分必须能阻止输入电压向负端超过－0.3 V。LM393 的输出部分是集电极开路，发射极接地的 NPN 输出晶体管，可以用多集电极输出提供或 OR-ing 功能。输出负载电阻能衔接在可允许电源电压范围内的任何电源电压上，不受 VCC 端电压值的限制。此输出能作为一个简单的对地 SPS 开路（当不用负载电阻没被运用），输出部分的陷电流被可能得到的驱动和器件的 β 值所限制.当达到极限电流（16 mA）时，输出晶体管将退出而且输出电压将很快上升。输出饱和电压被输出晶体管大约 60 ohm 的 γSAT 限制。当负载电流很小时，输出晶体管的低失调电压（约 1.0 mV）允许输出箝位在零电平。

本设计利用 MQ2 传感器阻值的变化与电阻进行分压，得到的电压值给 LM393 进行电压比较，通过 10 K 可调电阻可以实现烟雾限值的调节。判断烟雾是否超限，将信号给单片机处理。MQ-2 传感器模块电路图如图 5-20 所示。

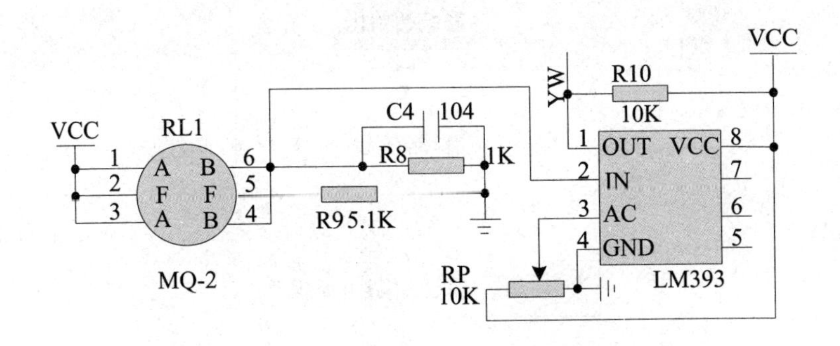

图 5-20　MQ-2 传感器模块电路图

5.5　软件设计

5.5.1　软件的程序实现

整个系统的功能是由硬件电路配合软件来实现的，当硬件基本定型后，软件的相应子程序模块就大体定下来了。从软件的功能不同可分为两大类：一类是监控软件（主程序），它是整个控制系统的核心，专门用来协调各执行模块和操作者的关系。二类是执行软件（子程序），它是用来完成各种实质性的功能如测量、计算、显示、通信等。每一个执行软件也就是一个小的功能执行模块。

短信报警子程序：当搜索到报警要求的信号后，调用报警子程序即可完成报警功能。其报警原理：控制三极管的导通和关断时间来驱动 GSM 模块向用户发送报警短信，输出电平信号使发光二极管发光。

串行口通信子程序：单片机和微机进行通信时，首先要设置串行口的波特率为 9600，1 位停止位，无奇偶校验。串口通信程序可以采用查询和中断方式，由于单片机发送子程序的查询和中断方式的资源占用是一样的，故发送采用查询，接收子程序采用中断。

5.5.2　主程序工作流程图

按上述工作原理和硬件结构分析可知，系统主程序工作流程图如图 5-21 所示。

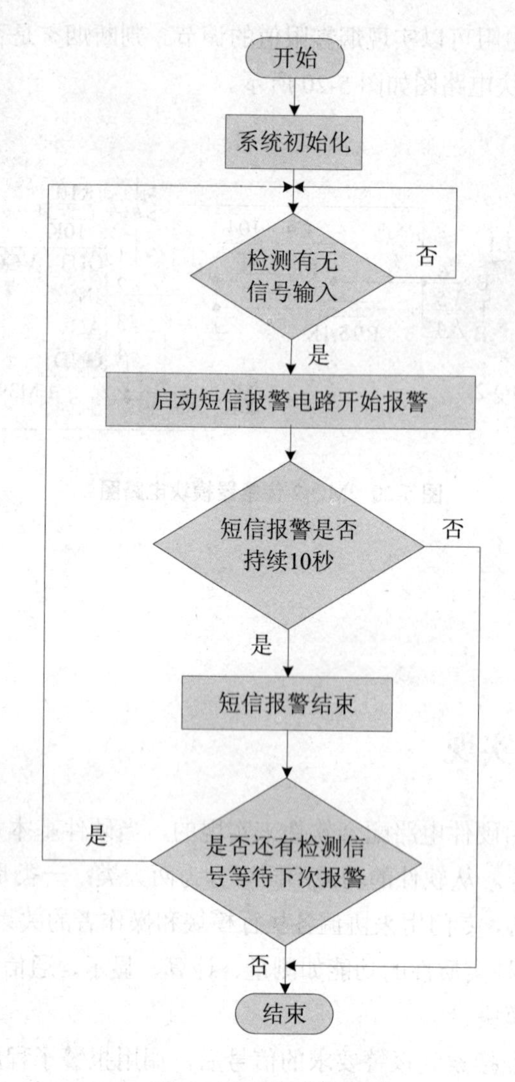

图 5-21　主程序流程图

5.5.3　中断服务程序工作流程图

本主程序实现的功能是：当单片机检测到外部热释电传感器送来的脉冲信号后，表示有人闯入监控区，从而经过单片机内部程序处理后，驱动短信模块报警电路开始报警，报警持续 10 秒钟后自动停止报警，然后程序开始循环工作，检测是否还有下次触发信号，等待报警从而使报警器进入连续工作状态。同时，利用中断方式可以实现报警持续时间未到 10 秒时，用手工按键停止短信报警的作用。手工按键停止报警中断服务程序工作流程图，如图 5-22 所示。

5.5.4　报警电路流程图

报警电路控制端由单片机的 P2.0 端来完成，高电平有效。当 P2.0 输出高电平时，NPN 三极管导通，驱动 GSM 模块发送防盗报警短信。报警电路流程图如图 5-23 所示。

5.5.5　信号采集电路流程图

本设计需要采集五路报警信号（门、窗、阳台等报经检测点），设计中采用了热释电红外线传感器进行输入信号的采集。信号采集电路流程图如图 5-24 所示。

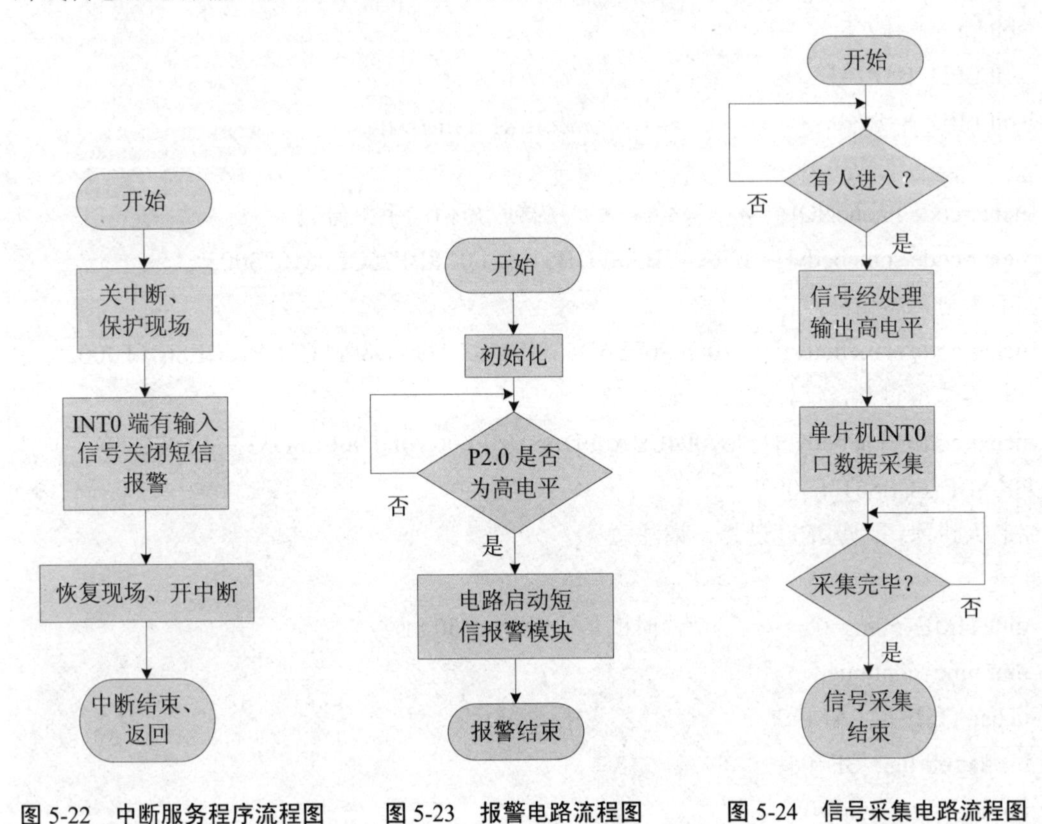

图 5-22　中断服务程序流程图　　图 5-23　报警电路流程图　　图 5-24　信号采集电路流程图

5.5.6　系统程序源代码

```
#include<reg52.h>
#include <intrins.h>
#include <absacc.h>                    //头文件
#define uint unsigned int
```

```
#define uchar unsigned char              //宏定义

//按键
sbit key1=P3^2;                          //布防
sbit key2=P3^3;                          //撤防
sbit key3=P3^4;                          //紧急报警

sbit BUZZ=P0^4;                          //蜂鸣器
sbit rsd=P2^4;                           //热释电输入
sbit yanwu=P2^5;
sbit LED_B=P2^3;                         //布防指示灯
sbit LED_S=P2^0;                         //发送消息指示灯

uchar code PhoneNO[]="×××××××××××"; //接收短信的手机号码
uchar code somebody[]="67094EBA8FDB5165FF0C8BF76CE8610F3002";
//有人进入，请注意
uchar code somebody1[]="70DF96FE6D535EA68FC79AD8FF0C8BF76CE8610F3002";
//烟雾浓度过高，请注意
uchar code somebody2[]="67094EBA8FDB5165FF0C70DF96FE6D535EA68FC79A
D8FF0C8BF76CE8610F3002";
//有人进入，烟雾浓度过高，请注意

uint TIME_50ms=0;             //计时的最小分辨率 50 ms
uint time_continue;
uchar TIME_ALAM=0;
bit flag=0,flag_BF=0;
bit flag_time_start=0;
bit again=0;
bit flag_alam;
bit SOS;
bit flag_continue;
bit into_BF=0;

void delay(uint z)            //延时函数
{
```

```
uint x,y;
for(x=z;x>0;x--)
for(y=110;y>0;y--);
}

void Uart_init()
{
TMOD= 0X20;              //T1 方式 2，8 位  自动重装
TH1=0Xfd;
TL1=0Xfd;                //9600
TR1=1;                   //定时器 1 启动
SM0=0;                   //设置串口的工作模式
SM1=1;                   //方式 1

REN=0;                   //不允许串口接收数据
ES=0;                    //串口中断不允许
EA=1;                    //开启中断总开关
}

void SendASC(uchar d)
{
SBUF=d;
while(!TI);
TI=0;
}

void SendString(uchar *str)
{
    while(*str)
    {
                SendASC(*str) ;
                str++;
                //delay_uart(1);

    }
}
```

```
void TIME()
{
if(flag==0)
{
    delay(50);
    TIME_50ms++;
    if(TIME_50ms%10==0)
    LED_B=!LED_B;

    if(TIME_50ms>=400)
    {
        TIME_50ms=0;
        flag_BF=1;
        LED_B=0;
        flag_time_start=0;
        again=1;
    }
}
else
{
    delay(50);
    TIME_50ms++;
    if(TIME_50ms%10==0)
    {
        LED_B=!LED_B;
        if(flag_alam==1)
        {
            if(flag_continue==0)
            {
                flag_continue=1;
                time_continue=TIME_50ms;
            }
            BUZZ=!BUZZ;
            if(TIME_50ms>=time_continue+100)
```

```
                    {
                    BUZZ=1;
                    flag_continue=0;
                    flag_alam=0;
                    time_continue=0;
                }
            }
        }
        if(TIME_50ms>=1200)
        {
            LED_B=0;
            TIME_50ms=0;
            flag_time_start=0;
            again=1;
        }
    }
}

//按键扫描函数
void keyscan()
{
if(key1==0&&flag_BF==0)  //布防
{
    delay(5);//延时
    if(key1==0)
    {
        LED_B=0;
        flag=0;
        flag_time_start=1;
    }
    while(key1==0);
}
if(flag_time_start==1)
{
    TIME();
```

```
        }
  if(key2==0)
  {
        delay(5);                      //撤防
        if(key2==0)
        {
              BUZZ=1;                  //关闭蜂鸣器
              flag_alam=0;
              flag_BF=0;
              flag=0;
              flag_time_start=0;
              LED_S=1;
              LED_B=1;
        }
        while(key2==0);
  }
  if(key3==0)
  {
        delay(5);
        if(key3==0)
        {
              SOS=1;
              flag_alam=1;
        }
        while(key3==0);
  }
  }

  void GSM_work()
  {
  unsigned char send_number;
  if((rsd==0||yanwu==0)&&flag_BF==1)
  flag_alam=1;
  if(((rsd==0||yanwu==0)&&flag_BF==1&&again==1)||SOS==1)
  {
```

```
    LED_S=0;
    BUZZ=1;
    SendString("AT+CMGF=1\r\n");

    delay(200);
    SendString("AT+CSCS=\"UCS2\"\r\n");
    dclay(200);
    SendString("AT+CSMP=17,0,2,25\r\n");
    delay(200);
    SendString("AT+CMGS=");  //信息发送指令  AT+CMGS=//
    SendASC("");
    for(send_number=0;send_number<11;send_number++)
    {
        SendASC('0');
        SendASC('0');
        SendASC('3');
        SendASC(PhoneNO[send_number]);
    }
    SendASC("");
    SendASC('\r');                //发送回车指令//
    SendASC('\n');                //发送换行指令//
    delay(200);

    if(rsd==0&&yanwu==1)
    SendString(somebody);
    else if(rsd==1&&yanwu==0)
    SendString(somebody1);
    else if((rsd==0&&yanwu==0)||SOS==1)
    SendString(somebody2);

    delay(200);
    SendASC(0x1a);

    if(SOS==0)
    {
```

```
            again=0;
            flag_time_start=1;
            flag_alam=1;
        }
        else if(SOS==1&&flag_time_start==1)
        {
            TIME_50ms=0;
            flag_BF=1;
            LED_B=0;
            flag_time_start=0;
            again=1;
        }
        delay(2000);
        LED_S=1;
        SOS=0;
        flag=1;
    }
}
void main()
{
        Uart_init();
        while(1)
        {
        keyscan();
        GSM_work();
        }
}
```

作品展示、自评与互评

（一）作品展示

1．系统主控板 PCB 图

系统主控板 PCB 图如图 5-25 所示。

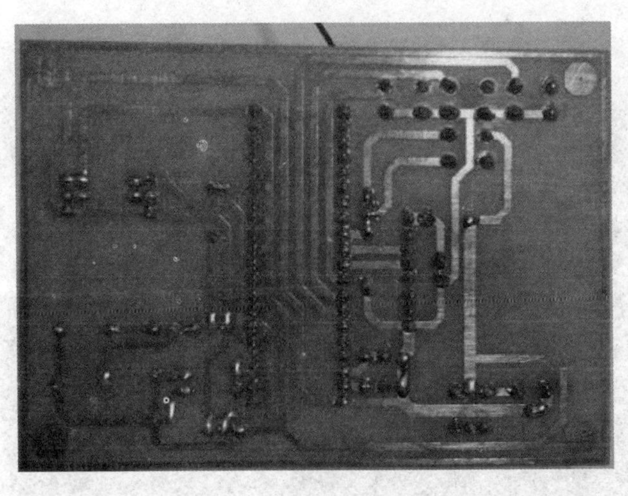

图 5-25　系统主控板 PCB 图

2．烟雾报警器 PCB 图

烟雾报警器 PCB 图如图 5-26 所示。

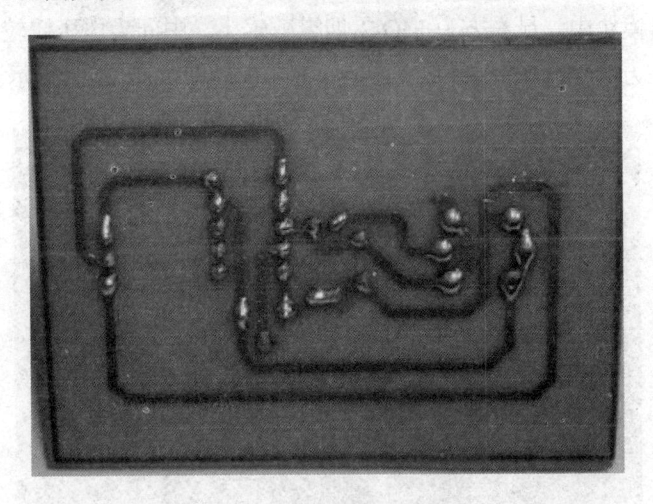

图 5-26　烟雾报警器 PCB 图

3．主控板正面

图 5-27 左方为热释电红外传感器，中间为 STC89C52RC 单片机，左上方为红、黄、绿报警灯以及蜂鸣器，右上方为电源插头，右中间为 GSM 短信模块，右下方为功能选择按键。主控板正面图如图 5-27 所示。

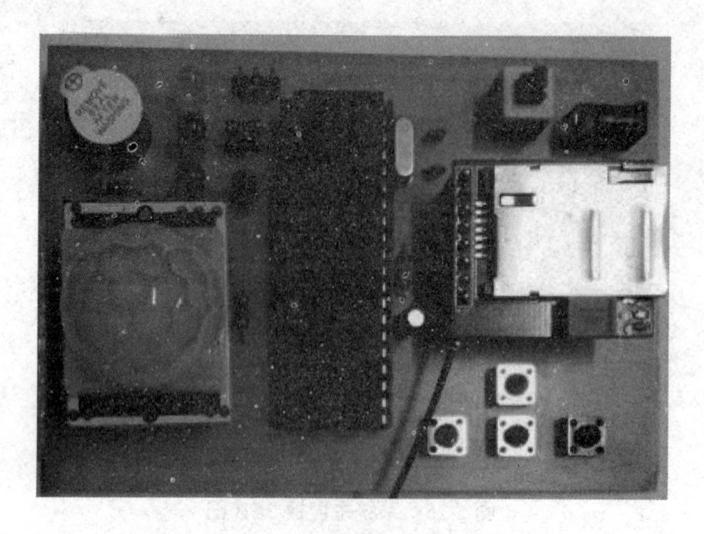

图 5-27　主控板正面图

4．烟雾传感器正面图

该烟雾传感器模块中，最右方为 MQ-2 烟雾敏感头，中间为电压比较器，旁边的为灵敏度调节电阻，最左方为信号输出接头。烟雾传感器正面图如图 5-28 所示。

图 5-28　烟雾传感器正面图

5．布防状态

当用纸盒盖住热释电红外传感器时，模块不能接收到信号，此时中间的绿灯处于常亮状态，当拿开纸盒时，若旁边有人体等发射红外线的物体进入检测区，当检测到信号后，则马上发送短信到手机上，并且红绿亮灯交替闪烁报警。布防状态如图 5-29 所示。

图 5-29　布防状态

6．有人进入布防区域报警

当有人进入布防区域后，热释电红外传感器感应到人员后发出报警，红绿灯闪烁，同时将信号传感单片机，单片机处理后通过 GSM 模块向工作人员手机发送短信“有人进入，请注意”，如图 5-30 所示。

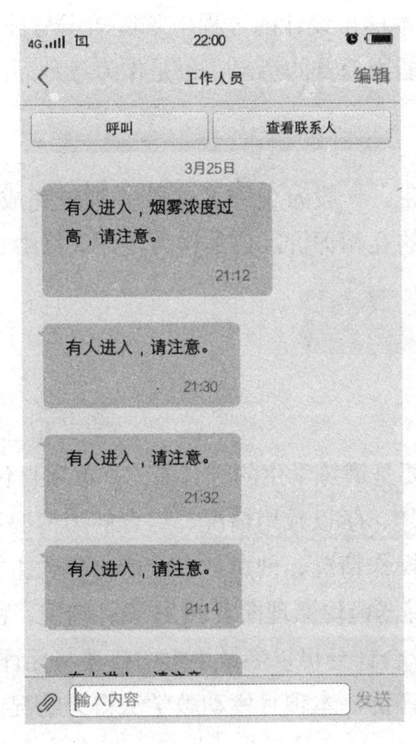

图 5-30　有人进入布防区域报警

7．烟雾浓度过高报警

当布防区域的烟雾浓度过高，热释电红外传感器将信号传送给单片机，单片机通过 GSM 模块向工作人员手机发送短信“有人进入，烟雾浓度过高，请注意”。烟雾浓度过高报警如图 5-31 所示。

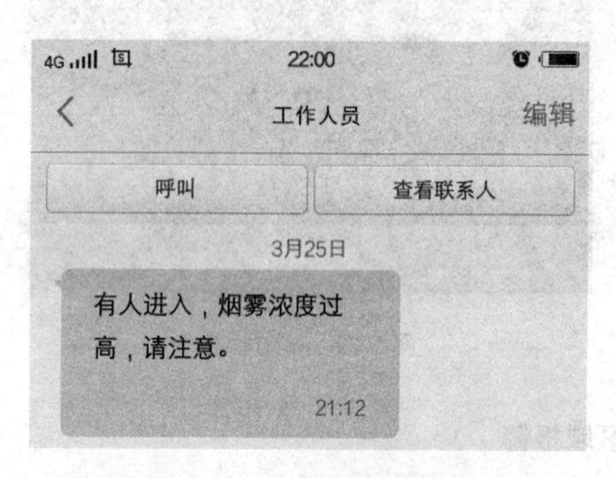

图 5-31　烟雾浓度过高报警

（二）自评

本环节主要考查学生在本项目设计的过程中掌握知识与技能的程度，能够较好地反映项目驱动教学法对学生个人能力提升的意义，也是作为教师后续给学生打分的一项指标。

（三）互评

本环节为项目小组的学生，一般为 3～5 个，学生通过完成本项目的情况，以及在本项目完成过程中的工作与能力的互相评价，也是作为教师最终给予学生评价的一项指标。

教师点评与拓展

1．点评标准

本项目驱动教学法，主要是锻炼学生的综合能力，本项目包括非专业能力和专业能力，其中非专业能力包含学习兴趣、学以致用情况、综合能力情况、协调能力情况、项目管理情况、总结汇报情况、实践操作情况、创意；专业能力包含主控板及烟雾传感器模块焊接测试情况，主控板、烟雾传感器模块原理图及 PCB 设计情况，程序设计情况，GSM 编程指令（AT 指令编程）情况，综合评分可以参考小组的自评与互评情况。教师可以通过表 5-7 大致可以给学生一个客观的评价，本项目驱动教学法得分情况能比较真实地反映学生真正的能力情况，较以往的以考试分数评价学生比较符合当今社会对人才的评价。

表 5-7　本项目教师评分标准

序号	项目	分值
	非专业能力得分	
1	学习兴趣	5
2	学以致用情况	5
3	综合能力情况	5
4	协调能力情况	5
5	项目管理情况	5
6	总结汇报情况	5
7	实践操作情况	15
8	创意	5
	专业能力得分	
9	主控板及烟雾传感器模块焊接测试情况	5
10	主控板、烟雾传感器模块原理图及 PCB 设计情况	15
11	程序设计情况	15
12	GSM 编程指令（AT 指令编程）情况	5
	自评与互评得分	
13	自评	5
14	互评	5
	总得分	

2．分析布置拓展的知识与技能

学生通过本项目，主要学习了主控板 PCB 电路设计、原理图设计，学习了热释电红外传感器信号采集程序设计，学习 GSM 工作原理，学习了 GSM 短信收发程序设计方法，读者可以尝试将该项目相关技术与生活当中的具体情形相结合，可以应用于其他防盗短信报警及烟雾报警等场合。

项目6 风力摆控制系统设计

本项目为设计一台风力摆控制系统，该系统支架上端用万向节固定，万向节下方与摆杆相连，摆杆最下方为摆锤，万向节左上方为风力摆控制主板，主要包含大功率降压模块、小功率降压模块、电机驱动模块、MCU主控制器、串口屏模块、功能选择按键模块、蜂鸣报警模块等。

本控制系统包含硬件设计部分与软件设计部分，硬件设计部分主要涵盖的知识技能有：模拟电子技术、数字电子技术、单片机、传感器等；软件设计部分主要涵盖的知识技能有：C语言程序设计、自动控制算法设计等。

该控制系统工作原理如下。

（1）供电环节：系统开关电源上电，输出12 V的直流电压送到图6-1（b）的主控板上的大功率降压模块、小功率降压模块，此后两降压模块分别给电机驱动模块、串口屏、MCU及蜂鸣报警器模块、激光笔、传感器（陀螺仪MPU6050）等供电。

（2）数据采集环节：通过图6-1（b）主控板上的功能选择按键选择要实现的功能，并设定相应的功能参数，启动运行，此后传感器不断的采集摆锤的角度数据并上传到主控板的MCU，MCU根据先前设定的工作参数与当前测得的角度数据进行对比，计算偏差值。

（3）PID参数整定环节：通过观察第二步串口屏上显示的波形，或通过PC上位机的SerialChart软件下方的波形显示区，根据实际波形与理想波形的情况整定P、I、D参数值。

（4）控制环节：MCU根据第二步计算的角度偏差值，驱动摆锤上的空心杯电机工作，使摆锤摆动，促使摆锤向角度偏差等于零的方向运行。

（5）轨迹绘制环节：风力摆锤在摆动的同时，带动图6-1（c）下方的激光笔来回摆动，并在地面绘制出预定的运动轨迹。

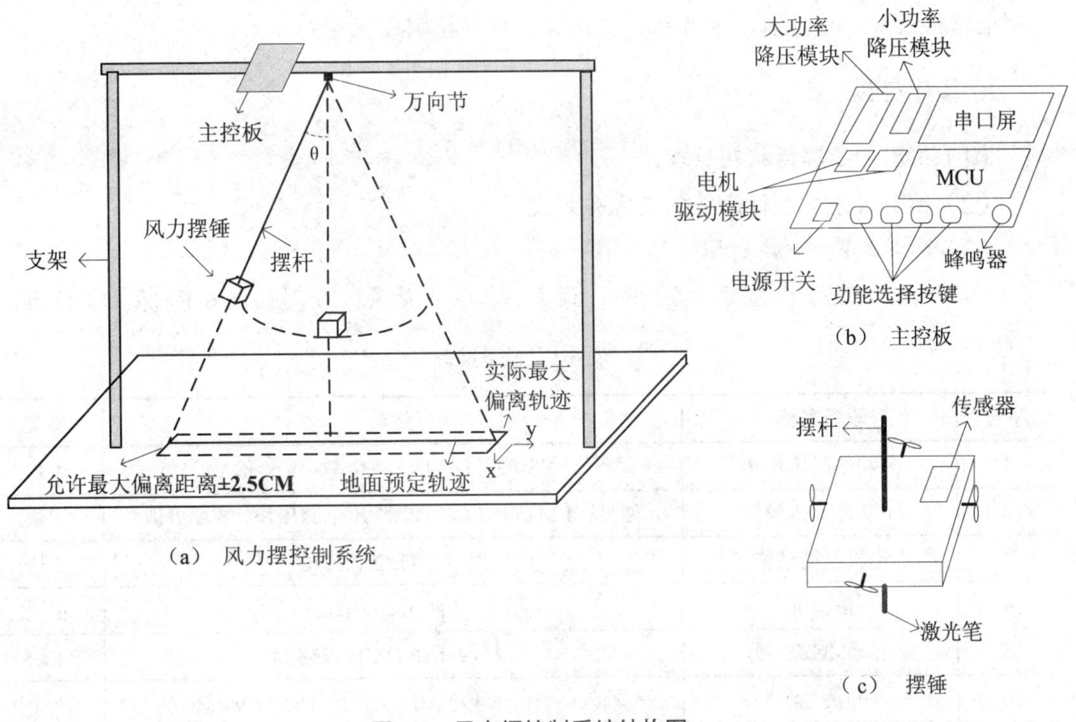

（a） 风力摆控制系统　（b） 主控板　（c） 摆锤

图 6-1　风力摆控制系统结构图

项目任务

（1）制作一台风力摆支架，如图 6-1 所示。

（2）设计对应的主控板硬件电路。

（3）设计对应的风力摆控制程序。

项目目标

（1）通过制作风力摆，提高学生动手能力。

（2）通过设计主控板硬件电路，加强学生对模拟电子技术、数字电子技术、印刷电路板设计等知识的理解，提高硬件设计能力。

（3）通过对该控制系统的编程，使学生深入掌握 C 语言、传感器、单片机、自动控制等知识，提高学生将理论知识应用工程实践的能力。

（4）通过该项目的设计，使学生掌握工程设计的一般流程与思想方法。

项目实施

1．理论支撑

为了能够顺利的完成本项目，在实践之前应该查阅有关模拟电子技术、数字电子技术、

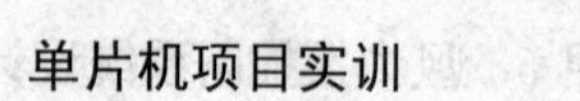

印刷电路板设计、传感器、单片机、C语言、自动控制原理等知识。

2. 操作实践

（1）识图，了解结构及原理。

（2）各小组分析、讨论并制定实施方案。

（3）参考工艺。

（4）结合方案合理选用准备材料、设备、工具、量具，分别如表6-1～表6-4所示。

表6-1　设备准备

序号	设备名称	要求	数量
1	大功率降压模块	型号：YS-03，DC-DC大功率4 V～38 V，5 A	1块
2	小功率降压模块	型号：LM2596S DC-DC降压电源模块，3 A可调	1块
3	电机驱动模块	型号：TB6612FNG	2块
4	串口屏	型号：TJC3224T022_011N	1块
5	MCU	型号：IAPSTC15W58S4	1块
6	开关电源	输入：110～240 VAC，输出：DC 12 V，20 A	1个
7	传感器	型号：MPU6050	1块
8	空心杯电机	型号：820空心杯电机	4个
9	螺旋桨	型号：75MM A＋B螺旋桨	4个
10	激光笔	工作电压：5 V	1个
11	4脚轻触按键	6 mm×6 mm×4.3 mm	4个
12	自锁开关	6脚，8.5 mm×8.5 mm	1个
13	有源蜂鸣器	直径11 mm	1个
14	电阻	10 K	4个
15	排针	40 pin单排11 mm	1条
16	排座	40 pin单排11 mm	3条
17	铜柱	长10 mm，螺丝直径3 mm，配螺帽	4套
18	接线端子	2P端子，间距5.08 mm	1个

表6-2　材料准备

序号	材料名称	要求	数量
1	方条或硬质铝条	硬质	2 m
2	热熔胶棒	20 cm长	10根
3	玻纤管	空心、外直径6 mm、内直径3 m	1根

续表 6-2

序号	材料名称	要求	数量
4	ABS 板	1 mm 厚，30 cm×30 cm	1 张
5	跳线	20 cm 长	10 根
6	细导线	线号：30AWG 铜芯，外径：0.55 mm～0.58 mm	一卷
7	扎带	30 cm 长	2 根
8	万向节	内径 6 mm，外径 10 mm	1 个
9	粗导线	1 平方	2 米
10	杜邦线	20 cm 长	10 根
11	焊锡丝	直径 0.8 mm	1 卷
12	焊锡膏	金鸡牌	1 瓶

表 6-3　工具准备

序号	工具名称	要求	数量
1	电烙铁	35 W	1 把
2	胶枪	20 W	1 把
3	电钻	400 W，配 2 mm、5 mm、8 mm 钻头	1 把
4	美工刀	无	1 把
5	钢锯	无	1 把
6	螺丝刀	小型一字，十字	各 1 把
7	斜口钳	无	1 把

表 6-4　量具准备

序号	量具名称	要求	数量
1	卷尺	量程：3 m	1 把
2	毫米刻度尺	量程：30 cm	1 把
3	万用表	数字式	1 台

组织实施

6.1　风力摆控制系统模型制作

本控制系统支架制作步骤如下。

（1）底板：该底板材质可选夹芯板，裁出一块长为 120 cm，宽为 40 cm 的小板即可。

（2）支架：左侧支架与上则的悬臂梁材质可选铝合金，左右侧支架高为 1 m，支架上方横梁长为 1 m，按照图 6-1 形式固定。

（3）万向节与摆杆连接：将万向节上端焊接在横梁下方，万向节下方与玻纤管固定好即可。

（4）摆锤：摆锤的形状如图 6-1（c）所示，将 ABS 板裁出一块尺寸为 10 cm×10 cm 的正方形板子，在板子的四方正中央位置，用热熔胶沿 X、Y 轴线分别粘贴 4 个空心杯电机，并安装上螺旋桨。

（5）传感器安装：由于本系统采用的是六轴陀螺仪 MPU6050 作为角度传感器，需要测定 X、Y 方向的角度，安装时需要将此传感器的长边缘和宽边沿平行与 X、Y 轴线安装。

（6）激光头安装：将激光头安装在图 6-1（c）中摆杆的正下方即可。

（7）导线连接：将摆锤上的空心杯电机与传感器及激光头上导线系在摆杆上，并沿着摆杆一直系到万向节附近，此后再将导线连接到主控板上方即可。

6.2 风力摆主控制板设计

6.2.1 原理图设计

（一）MCU

本项目选用了一块 IAPSTC15W58S4 作为 MCU。该款 MCU 拥有 8 通道 10 位 ADC，速度可达 30 万次/秒，其中有 6 路 PWM、6 路 DAC、6 通道捕获/比较单元（CCP/PCA/PWM），不需外部晶振，内部时钟从 5～35 MHz 可选（相当于普通 8051：60～420 MHz）。STC15W58S4 单片机如图 6-2 所示。

（二）电机驱动电路

本项目选用了 TB6612FNG 电机驱动模块。该款驱动模块是一种双驱动，可以同时驱动两个电机。该模块的 AIN1、AIN2、BIN1、BIN2 用来控制正反转，可以通过其控制电机工作在“停止、正转、反转”三种工作模式。当 AIN1 与 AIN2 电平为 00 或 11 时电机工作停转状态；当 AIN1 与 AIN2 为电平为 01 或 10 时，电机工作在正转或反转状态。驱动模块上 PWMA 为第一路电机 PWM 控制端口，用于电机调速使用，BIN1、BIN2 与 AIN1、AIN2 类似，如图 6-3 所示。

U7　MCU

STC15W58S4

网络	引脚	名称	名称	引脚	网络
×	1	3.3V	+5V	40	+5V
GND	2	GND	GND	39	GND
P1.7	3	P1.7	P3.0/RXD	38	P3.0/RXD
P1.6	4	P1.6	P3.1/TXD	37	P3.1/TXD
P1.5	5	P1.5	P3.2	36	P3.2
P1.4	6	P1.4	P3.3	35	P3.3
P1.3	7	P1.3	P3.4	34	P3.4
P1.2	8	P1.2	P3.5/SCL	33	P3.5/SCL
P1.1	9	P1.1	P3.6/SDA	32	P3.6/SDA
P1.0	10	P1.0	P3.7	31	P3.7
P0.7	11	P0.7	P2.0	30	P2.0
P0.6	12	P0.6	P2.1	29	P2.1
P0.5	13	P0.5	P2.2	28	P2.2
P0.4	14	P0.4	P2.3	27	P2.3
P0.3	15	P0.3	P2.4	26	P2.4
P0.2	16	P0.2	P2.5	25	P2.5
P0.1	17	P0.1	P2.6	24	P2.6
P0.0	18	P0.0	P2.7	23	P2.7
×	19	GND		22	×
+5V	20	5V		21	×

图 6-2　STC15W58S4 单片机

U5　TB6612

网络	引脚	名称	名称	引脚	网络
+6V	1	VM	PWMA	16	P22
+5V	2	VCC	AIN2	15	P05
SGND	3	GND	AIN1	14	P04
2+	4	AO1	STBY	13	+5V
2-	5	AO2	BIN1	12	P06
1-	6	BO2	BIN2	11	P07
1+	7	BO1	PWMB	10	P23
AGND	8	GND	GND	9	AGND

U6　TB6612

网络	引脚	名称	名称	引脚	网络
+6V	1	VM	PWMA	16	P37
+5V	2	VCC	AIN2	15	P01
SGND	3	GND	AIN1	14	P00
4+	4	AO1	STBY	13	+5V
4-	5	AO2	BIN1	12	P02
3-	6	BO2	BIN2	11	P03
3+	7	BO1	PWMB	10	P21
AGND	8	GND	GND	9	AGND

图 6-3　电机驱动芯片

（三）降压电路

由于电机需要的功率与电压较大，其输入电压为 6 V；MCU、串口屏、按键电路、蜂鸣器电路等功率及电压较低，工作电压为 5 V，所以特定设置了两路降压电路，降压前为将 220 V 的交流电送入开关电源，开关电源输出 12 V 的直流电，经过上述大功率降压电路与小功率降压电路后送入电路的对应模块。降压电路如图 6-4 所示。

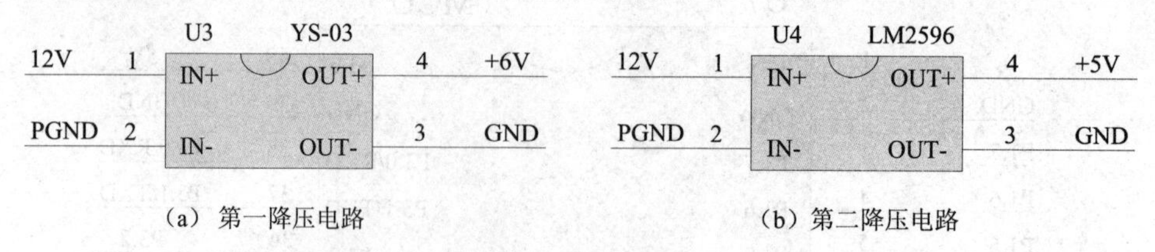

（a）第一降压电路　　（b）第二降压电路

图 6-4　降压电路

（四）串口屏及蜂鸣报警电路

顾名思义，串口屏定义就是，带串口控制的液晶屏就是串口屏了。是一套由单片机或 PLC 带控制器的显示方案，显示方案中的通信部分由串口通信，UART 串口或者 SPI 串口等；它由显示驱动板、外壳、LCD 液晶显 示屏三部分构成。接收用户单片机串口发送过来的指令，完成在 LCD 上绘图的所有操作。本设计将串口屏用于传感器数据的显示过程。

本系统的蜂鸣器电路主要起功能提示作用，采用了有源蜂鸣器进行报警提示。蜂鸣器及屏幕显示电路如图 6-5 所示。

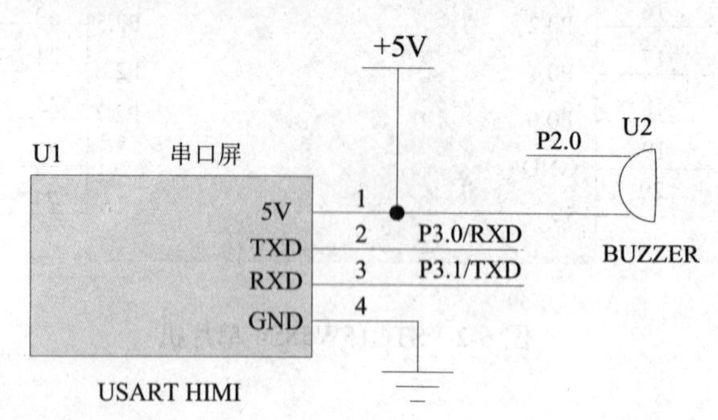

图 6-5　蜂鸣器及屏幕显示电路

（五）功能选择按键电路

由于本项目需要完成几种动作，且在完成每项动作前可以进行参数设定，因此设置了 4 个按键作为功能选择与参数修改之用，其中 S1、S2 为参数加与参数减功能，S3 为确定按钮，S4 为功能选择按钮。按键/开关电路如图 6-6 所示。

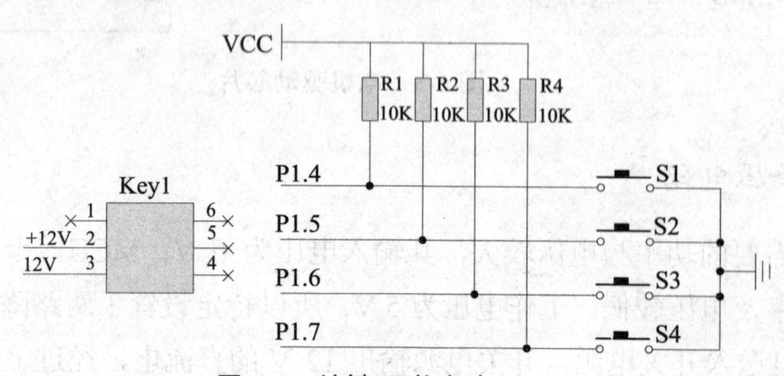

图 6-6　按键/开关电路

（六）控制板外部引脚

该部分电路的主要作用为：将主板与各功能模块进行组装连接的外部接口，以及与摆锤上的电机与激光头、传感器连接的接口。控制板外部引脚如图 6-7 所示。

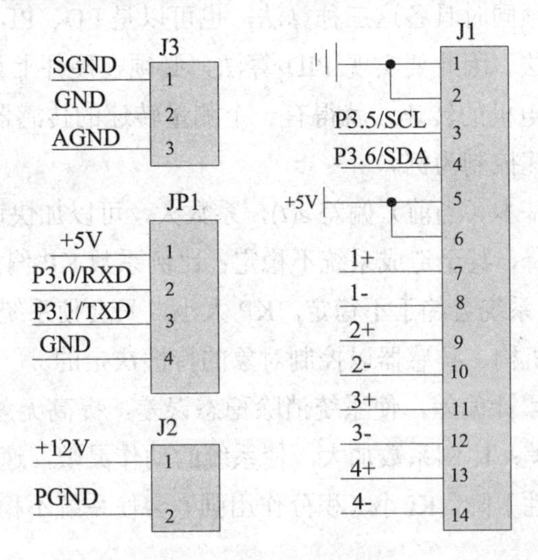

图 6-7　控制板外部引脚

6.2.2　PCB 图设计

为了能将大小功率降压模块、串口屏、电机驱动模块、MCU 模块有效对接，

并减少各模块之间的连线，所以特设计了此主控板，提供各模块的转接，以及设计了部分功能选择按键等电路，以其减少连续及使操作更为简便。控制主板 PCB 正面如图 6-8 所示。

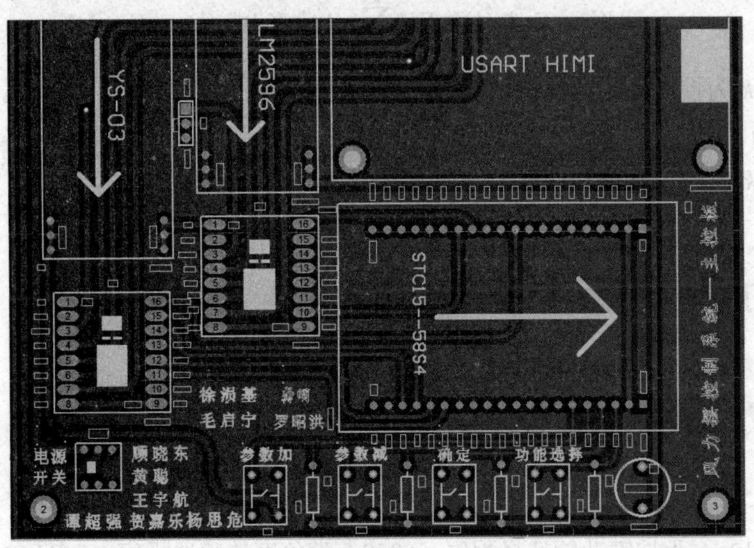

图 6-8　控制主板 PCB 正面

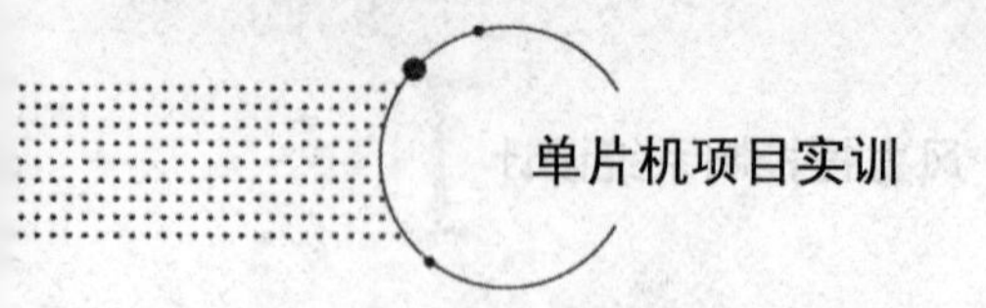

6.2.3 PID 算法简介

本项目采用的控制算法为PID，PID是比例(Proportional)、积分(Integral)、微分(Differential)控制算法。但并不是必须同时具备这三种算法，也可以是 PD、PI，甚至只有 P 算法控制。PID 是一个闭环控制算法。因此要实现 PID 算法，必须在硬件上具有闭环控制，就是需要有反馈。比如控制一个电机的转速，就得有一个测量转速的传感器，并将结果反馈到控制路线上，下面也将以转速控制为例。

比例，反应系统的基本（当前）偏差 $e(t)$，系数大，可以加快调节，减小误差，但过大的比例使系统稳定性下降，甚至造成系统不稳定；比例系数 KP 偏大，振荡次数加多，调节时间加长。KP 太大时，系统会趋于不稳定。KP 太小，又会使系统的动作缓慢。KP 可以选负数，这主要是由执行机构、传感器以控制对象的特性决定的。

积分，反应系统的累计偏差，使系统消除稳态误差，提高无差度，因为有误差，积分调节就进行，直至无误差；比例系数加大，使系统的动作灵敏，速度加快，稳态误差减小。积分作用使系统的稳定性下降，Ki 小（积分作用强）会使系统不稳定，但能消除稳态误差，提高系统的控制精度。

微分，反映系统偏差信号的变化率 $e(t)-e(t-1)$，具有预见性，能预见偏差变化的趋势，产生超前的控制作用，在偏差还没有形成之前，已被微分调节作用消除，因此可以改善系统的动态性能。但是微分对噪声干扰有放大作用，加强微分对系统抗干扰不利。微分作用可以改善动态特性，Kd 偏大时，超调量较大，调节时间较短。Kd 偏小时，超调量也较大，调节时间也较长。只有 Kd 合适，才能使超调量较小，减短调节时间。

积分和微分都不能单独起作用，必须与比例控制配合，公式如下。

$$U(k)=\mathrm{Kp}*e(k)+\mathrm{Ki}*\sum_{i=0}^{k}e(i)+\mathrm{Kd}*[e(k)-e(k-1)]$$

其中，$u(k)$为控制器的输出值；Kp 为比例系数；

Ki 为积分时间常数；Kd 为微分时间常数；

$e(k)$为控制器输入与设定值之间的误差。

6.3 风力摆控制系统程序设计

6.3.1 风力摆控制系统程序结构

图 6-9 为系统程序结构。其中 main.c 为主程序，PID.c 为控制算法程序，motor.C 为电机驱动程序，key.c 为按键功能选择程序，6050.c 为角度传感器程序，IMU.C 为四元素算法

程序，IIC.c 为 IIC 数据传输程序，FsBSP_Delay.c 为系统延时函数，FsBSP_Uart.c 为串口通信程序，STC15W4KPWM.C 为电机控制的 PWM 程序，timer.c 为定时器程序。风力摆控制系统程序结构如图 6-9 所示。

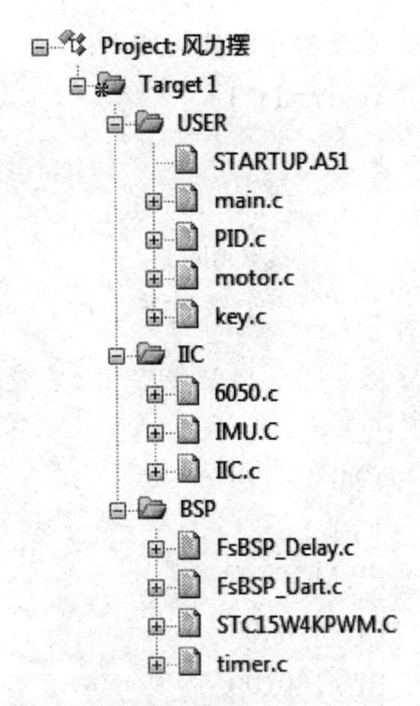

图 6-9　风力摆控制系统程序结构

6.3.2　风力摆控制系统主程序流程图及程序源代码

系统初始化主要包含：PWMGO( )；P1M0＝0x00；P1M1＝0x00；PID_M1_Init( )；PID_M2_Init( )；InitMPU6050( )；UART1_Init( )；DelayMS(10)；Timer0Init( )；Timer1Init( )；M_INT( )；其中函数 PID_M1_Init( )与 PID_M2_Init( )主要是对摆锤上的 4 个空心杯电机进行的控制，M1 控制 2 个电机，M2 也控制 2 个电机。系统进行完初始化后，稍微等待 1 ms，然后进行 X、Y、Z 方向角度数据的采集，再进行加速度数据的采集，最后执行选择的任务，完成预定的动作。风力摆控制系统主程序执行如图 6-10 所示。

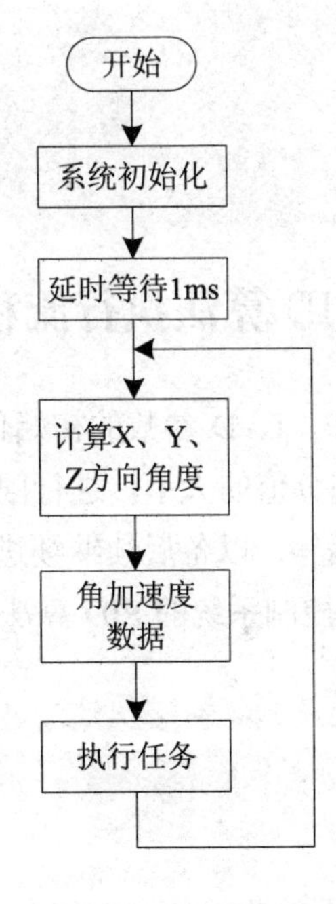

图 6-10　风力摆控制系统主程序流程图

系统程序源代码如下：

```
void main( )
{
        ALLInt( );
        while(1)
        {    P51=～P51;   //循环等待任务到来
        }
}
void ALLInt(void)
{
PWMGO( );
P1M0=0x00;
P1M1=0x00;
PID_M1_Init( );
PID_M2_Init( );
InitMPU6050( );
UART1_Init( );
DelayMS(10);
Timer0Init( );
Timer1Init( );
M_INT( );
}
```

6.3.3 风力摆控制系统的 PID 算法执行流程及源代码

根据 PID 算法原理，首先进行 P、I、D 参数的初始化，然后计算出预定摆角与当前测定摆角的偏差和积分值，然后根据积分值的大小，进行限幅判断，以防出现积分饱和现象，最后计算当前微分值，并保持当前偏差，以备后续继续进行测试使用，最后返回 PID 计算结果到串口屏或 PC 上位机。风力摆控制系统的 PID 算法执行流程如图 6-11 所示。

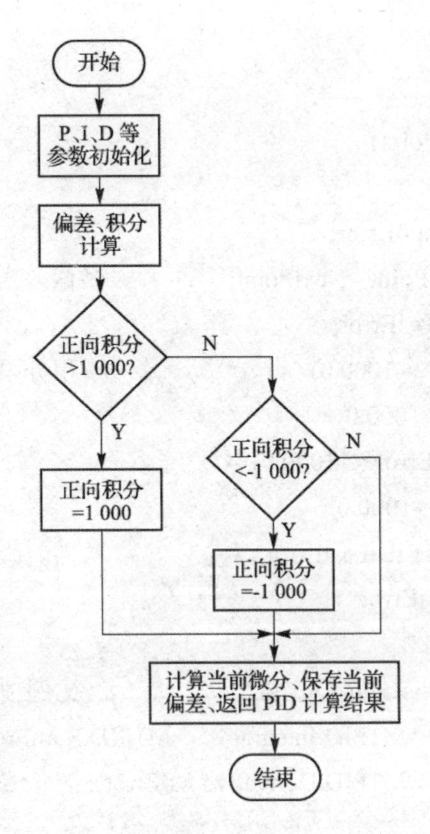

图 6-11　风力摆控制系统的 PID 算法执行流程

系统程序源代码如下。

```
//-------PID 算法程序源代码------------------
#include "STC15W4KPWM.H"
#include "PID.h"
#include <stdio.h>
#include <math.h>
/*-----------------------------------------
                    声明变量
-----------------------------------------*/
//extern M1TypeDef   M1;
//extern M2TypeDef   M2;

PIDTypdDef M1PID;
PIDTypdDef M2PID;
/*-----------------------------------------
  函数功能：电机 1 位置式 PID 计算
```

```
 函数说明：
-----------------------------------------*/
u16 PID_M1(float NextPoint)
{
      register float   iError,dError;
      iError = M1PID.SetPoint - NextPoint;              //偏差
      M1PID.SumError += iError;
      if(M1PID.SumError > 1000.0)                       //积分限幅
      M1PID.SumError = 1000.0;
      else if(M1PID.SumError < -1000.0)
      M1PID.SumError = -1000.0;
      dError = iError - M1PID.LastError;                //当前微分
      M1PID.LastError = iError;

return(int)(   M1PID.Proportion * iError                //比例项
                         + M1PID.Integral     * M1PID.SumError     //积分项
                         + M1PID.Derivative * dError);
}
/*-----------------------------------------
 函数功能：电机 2 位置式 PID 计算
 函数说明：
-----------------------------------------*/
u16 PID_M2(float NextPoint)
{
      register float   iError,dError;

      iError = M2PID.SetPoint - NextPoint;                  //偏差
      M2PID.SumError += iError;
      if(M2PID.SumError > 1000.0)                           //积分限幅
      M2PID.SumError = 1000.0;
      else if(M2PID.SumError < -1000.0)
      M2PID.SumError = -1000.0;
      dError = iError - M2PID.LastError;                    //当前微分
      M2PID.LastError = iError;
```

```
return(int)( M2PID.Proportion * iError          //比例项
                    + M2PID.Integral     * M2PID.SumError //  积分项
                    + M2PID.Derivative * dError);
}
/*----------------------------------------
函数功能：初始化 M1PID 结构参数
函数说明：
----------------------------------------*/
void PID_M1_Init(void)
{
    M1PID.LastError   = 0;            //Error[-1]
    M1PID.PrevError   = 0;            //Error[-2]
    M1PID.Proportion = 0;             //比例常数 Proportional Const
    M1PID.Integral    = 0;            //积分常数 Integral Const
    M1PID.Derivative = 0;             //微分常数 Derivative Const
    M1PID.SetPoint    = 0;
    M1PID.SumError    = 0;
}
/*----------------------------------------
 函数功能：初始化 M2PID 结构体参数
 函数说明：
----------------------------------------*/
void PID_M2_Init(void)
{
    M2PID.LastError   = 0;            //Error[-1]
    M2PID.PrevError   = 0;            //Error[-2]
    M2PID.Proportion = 0;             //比例常数  Proportional Const
    M2PID.Integral    = 0;            //积分常数 Integral Const
    M2PID.Derivative = 0;             //微分常数 Derivative Const
    M2PID.SetPoint    = 0;
    M2PID.SumError    = 0;
}
/*----------------------------------------
函数功能：设置 M1PID 期望值
```

```
函数说明：
-----------------------------------------*/
void PID_M1_SetPoint(float setpoint)
{
    M1PID.SetPoint = setpoint;
}
/*-----------------------------------------
函数功能：设置 M2 期望值
函数说明：
-----------------------------------------*/
void PID_M2_SetPoint(float setpoint)
{
    M2PID.SetPoint = setpoint;
}
/*-----------------------------------------
函数功能：设置 M1PID 比例系数
函数说明：浮点型
-----------------------------------------*/
void PID_M1_SetKp(float dKpp)
{
    M1PID.Proportion = dKpp;
}
/*-----------------------------------------
函数功能：设置 M2 比例系数
函数说明：浮点型
-----------------------------------------*/
void PID_M2_SetKp(float dKpp)
{
    M2PID.Proportion = dKpp;
}
/*-----------------------------------------
函数功能：设置 M1PID 积分系数
函数说明：浮点型
-----------------------------------------*/
void PID_M1_SetKi(float dKii)
```

```
{
    M1PID.Integral = dKii;
}
/*-----------------------------------------
 函数功能：设置 M2 积分系数
 函数说明：浮点型
-----------------------------------------*/
void PID_M2_SetKi(float dKii)
{
    M2PID.Integral = dKii;
}
/*-----------------------------------------
 函数功能：设置 M1PID 微分系数
 函数说明：浮点型
-----------------------------------------*/
void PID_M1_SetKd(float dKdd)
{
    M1PID.Derivative = dKdd;
}
/*-----------------------------------------
函数功能：设置 M2 微分系数
函数说明：浮点型
-----------------------------------------*/
void PID_M2_SetKd(float dKdd)
{
    M2PID.Derivative = dKdd;
}
```

6.3.4　风力摆控制系统的任务执行流程图及源代码

该任务执行函数主要实现的功能包含：单摆周期、运算时间间隔、预定角度等初始化，此后对单摆周期、2 π 进行归一化处理，然后再根据摆幅求出摆角，由于 MPU6050 在随摆锤在竖直面内摆动时会产生失重效果，所以需要对摆角进行修正，修正系数需要根据实际摆角与测算摆角的差值进行修正，最后设置对应的 P、I、D 参数，启动对 X、Y 方向的 PID 目标的跟踪，驱动 X、Y 方向的电机工作，使风力摆按预定的动作运行。风力摆控制系统的任务执行流程图如图 6-12 所示。

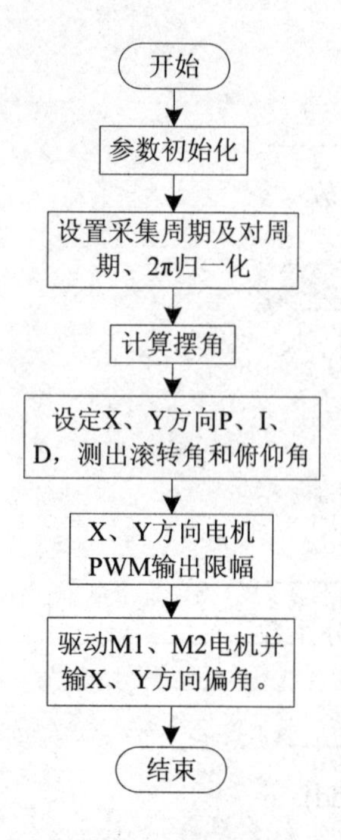

图 6-12　风力摆控制系统的任务执行流程图

该部分源代码如下：

```
//-----任务执行函数 motor.c---------------
#include <math.h>
#include <stdio.h>
#include "STC15.H"
#include "STC15W4KPWM.H"
#include "IMU.h"
#include "6050.h"
#include "PID.h"
#include "motor.h"
#include "key.h"

sbit M1_INT1=P1^0;
sbit M1_INT2=P1^1;
sbit M1_INT3=P1^2;
sbit M1_INT4=P1^3;
sbit M2_INT1=P1^4;
```

```
sbit M2_INT2=P1^5;
sbit M2_INT3=P1^6;
sbit M2_INT4=P1^7;
/*----------------------------------------
                    全局变量
----------------------------------------*/
M1TypeDef M1={0};
M2TypeDef M2={0};
extern PIDTypdDef M1PID;
extern PIDTypdDef M2PID;
extern char buf[512];

float R=20.0;                    //半径设置（cm）
float angle=0.0;                 //摆动角度设置（0）
int RoundDir=1;                  //控制画圆的正反转（0/1）

//=======电机驱动函数=================
void MotorMove(int pwm_M1,int pwm_M2)
{
if(pwm_M1 >=0)
{     //M1_INT1=M1_INT3=1;M1_INT2=M1_INT4=0;     //X 电机正转
      PWM1(1000-pwm_M1);
      PWM2(1000);
}
else if (pwm_M1 < 0)
{     //M1_INT1=M1_INT3=0;M1_INT2=M1_INT4=1;     //X 电机反转
      PWM1(1000);PWM2(1000-abs(pwm_M1));
}
if(pwm_M2 >= 0)
{     //M2_INT1=M2_INT3=1;M2_INT2=M2_INT4=0;     //Y 电机正转
      PWM3(1000-pwm_M2);PWM4(1000);
}
else if (pwm_M2 < 0)
{     //M2_INT1=M2_INT3=0;M2_INT2=M2_INT4=1;     //Y 电机反转
      PWM3(1000);PWM4(1000-abs(pwm_M2));
```

```
    }
}

void M_INT(void)
{        M1_INT1=0;
    M1_INT2=1;
    M1_INT3=0;
    M1_INT4=1;
    M2_INT1=0;
    M2_INT2=1;
    M2_INT3=0;
    M2_INT4=1;
}

//==============================任务一：==============================

void Mode_1(void)
{
const float priod=1505.0;     //单摆周期函数（ms）
static u16 MoveTimeCnt=0;
float set_y=0.0;
float A=0.0;
float Normalization =0.0;
float Omega= 0.0;
MoveTimeCnt+=6;                                  //每 5ms 运算 1 次
Normalization=(float)MoveTimeCnt / priod;        //对单摆周期归一化
Omega=2.0*3.14159*Normalization;                 //对 2π 进行归一化
A=atan((R/87.0f))*57.2958f; //根据摆幅求出角度 A，87 为摆杆万向节到地面的距离
set_y=A*sin(Omega)*0.27;   //计算出当前摆角
PID_M1_SetPoint(0);        //X 方向 PID 定位目标值为 0
PID_M1_SetKp(720);
PID_M1_SetKi(1);
PID_M1_SetKd(200);
PID_M2_SetPoint(set_y);    //Y 方向 PID 跟踪目标值 sin
PID_M2_SetKp(710);
```

```
PID_M2_SetKi(1);
PID_M2_SetKd(200);

M1.PWM=PID_M1(M1.CurPos);          //Pitch   俯仰角
M2.PWM=PID_M2(M2.CurPos);          //Roll    滚转角

if(M1.PWM > PWM_HIGH_MAX)   M1.PWM=PWM_HIGH_MAX;
else if(M1.PWM < -PWM_HIGH_MAX) M1.PWM=-PWM_HIGH_MAX;

if(M2.PWM > PWM_HIGH_MAX)   M2.PWM=PWM_HIGH_MAX;
else if(M2.PWM < -PWM_HIGH_MAX) M2.PWM=-PWM_HIGH_MAX;

MotorMove(M1.PWM,M2.PWM);         //驱动 X、Y 方向马达工作

}
//==========================任务二：==========================
void Mode_2(void)
{
const float priod = 1505.0;             //单摆周期（ms）
static u16 MoveTimeCnt=0;
float set_x=0.0;
float A=0.0;
float Normalization=0.0;
float Omega=0.0;
MoveTimeCnt+=6;                         //每 6ms 运算 1 次
Normalization=(float)MoveTimeCnt / priod; //对单摆周期归一化
Omega=2.0*3.14159*Normalization;            //对 2π 进行归一化
A=atan((R/87.0f))*57.2958f;             //根据摆幅求出角度 A，87 为万向节离地面距离
set_x=A*sin(Omega)*0.58;                //计算出当前摆角
PID_M1_SetPoint(set_x);                 //X 方向 PID 跟踪目标值 sin
PID_M1_SetKp(1250);                     //设置 P、I、D 参数分别为 1250，1，500
PID_M1_SetKi(1);
PID_M1_SetKd(500);
PID_M2_SetPoint(0);                     //Y 方向 PID 定位目标值 0
```

```
PID_M2_SetKp(500);                //设置 P、I、D 参数分别为 500，1.5，1050
PID_M2_SetKi(1.5);
PID_M2_SetKd(1050);

M1.PWM=PID_M1(M1.CurPos);         //X 方向 PID 计算
M2.PWM=PID_M2(M2.CurPos);         //Y 方向 PID 计算

if(M1.PWM > PWM_HIGH_MAX) M1.PWM=PWM_HIGH_MAX;      //输出限幅
if(M1.PWM < -PWM_HIGH_MAX) M1.PWM=-PWM_HIGH_MAX;
if(M2.PWM > PWM_HIGH_MAX) M2.PWM=PWM_HIGH_MAX;
if(M2.PWM < -PWM_HIGH_MAX) M2.PWM=-PWM_HIGH_MAX;

MotorMove(M1.PWM,M2.PWM);         //电机输出
TI = 1;
printf(" %2.2f,%2.2f,",Pitch,Roll);
printf("%2.2f\n",set_x);
}
//==============================任务三： ==============================

void Mode_3(void)
{
const float priod=1505.0;  //单摆周期（ms）
/* 相位补偿  0，10，20，30，49，50，60，70，80，90，100，110，120，130，140，150，160，170，180  */
const  float  Phase[19]={0,-0.1,-0.05,0.0,  0.0,  0.0,  0.0,  0.0,  0.0,  0.0,  0.0,  0.0,  0.0,  0.0,0.05,0.05,0.05,0.07,0};
static u16 MoveTimeCnt=0;
float set_x=0.0;
float set_y=0.0;
float Ax=0.0;
float Ay=0.0;
float A=0.0;
u16 pOffset=0;
float Normalization=0.0;
float Omega=0.0;
```

```
pOffset=(u16)(angle/10.0f);  //相位补偿数组下标
MoveTimeCnt+=6;                                    //每 5ms 运算 1 次
Normalization=(float)MoveTimeCnt / priod;          //对单摆周期归一化
Omega=2.0*3.14159*Normalization;                   //对 2π 进行归一化
A=atan((R/87.0f))*57.2958f;         //根据摆幅求出角度 A，87 为万向节离地面距离
Ax=A*cos(angle*0.017453);           //计算出 X 方向摆幅分量 0.017453
Ay=A*sin(angle*0.017453);           //计算出 Y 方向摆幅分量 0.017453
set_x=Ax*sin(Omega)*0.27;           //计算出 X 方向当前摆角
set_y=Ay*sin(Omega+Phase[pOffset])*0.27;      //计算出 Y 方向当前摆角
PID_M1_SetPoint(set_x);             //X 方向 PID 跟踪目标值 sin
PID_M1_SetKp(800);
PID_M1_SetKi(0);
PID_M1_SetKd(20);
PID_M2_SetPoint(set_y);             //Y 方向 PID 跟踪目标值 sin
PID_M2_SetKp(650);
PID_M2_SetKi(0);
PID_M2_SetKd(250);

M1.PWM = PID_M1(M1.CurPos);         //Pitch   俯仰角
M2.PWM = PID_M2(M2.CurPos);         //Roll    滚转角

if(M1.PWM > PWM_HIGH_MAX)   M1.PWM=PWM_HIGH_MAX;
if(M1.PWM < -PWM_HIGH_MAX) M1.PWM=-PWM_HIGH_MAX;
if(M2.PWM > PWM_HIGH_MAX)   M2.PWM=PWM_HIGH_MAX;
if(M2.PWM < -PWM_HIGH_MAX) M2.PWM=-PWM_HIGH_MAX;
MotorMove(M1.PWM,M2.PWM);
}
//======================任务四：在中间静止==========================
void Mode_4(void)               //停止在中间
{
PID_M1_SetPoint(0);             //X 方向 PID 定位目标值 0
PID_M1_SetKp(650);
PID_M1_SetKi(0);
PID_M1_SetKd(600);
```

```
PID_M2_SetPoint(0);          //Y 方向 PID 定位目标值 0
PID_M2_SetKp(550);
PID_M2_SetKi(0);
PID_M2_SetKd(600);

M1.PWM=PID_M1(M1.CurPos);       //Pitch  俯仰角
M2.PWM=PID_M2(M2.CurPos);       //Roll   滚转角

if(M1.PWM > PWM_HIGH_MAX)M1.PWM=PWM_HIGH_MAX;   //输出限幅
else if(M1.PWM < -PWM_HIGH_MAX) M1.PWM=-PWM_HIGH_MAX;

if(M2.PWM > PWM_HIGH_MAX)   M2.PWM=PWM_HIGH_MAX;
else if(M2.PWM < -PWM_HIGH_MAX) M2.PWM=-PWM_HIGH_MAX;

if(abs(M1.CurPos)<40.0 && abs(M2.CurPos)<40.0)
    MotorMove(M1.PWM,M2.PWM);
else MotorMove(0,0);
}
//=============================任务五：画圆==============================
void Mode_5(void)
{
const float priod = 1505.0;                          //单摆周期（ms）
static u16 MoveTimeCnt=0;
float set_x=0.0;
float set_y=0.0;
float A = 0.0;
float phase=(3.0*3.141592)/2.0;
float Normalization=0.0;
float Omega=0.0;

MoveTimeCnt+=6;                                      //每 6ms 运算 1 次
Normalization=(float)MoveTimeCnt / priod;            //对单摆周期归一化
Omega=2.0*3.14159*Normalization;                     //对 2π 进行归一化
A=atan((R/87.0f))*57.2958f;                          //根据半径求出对应的振幅 A
if(RoundDir ==0)
```

```
        phase=3.141592/2.0;                     //逆时针旋转相位差 900
    else if(RoundDir ==1)
        phase=(3.0*3.141592)/2.0;               //顺时针旋转相位差 2700

    set_x=A*sin(Omega)*0.28;                    //计算出 X 方向当前摆角
    set_y=A*sin(Omega+phase)*0.28;              //计算出 Y 方向当前摆角

    PID_M1_SetPoint(set_x);                     //X 方向 PID 跟踪目标值 sin
    PID_M1_SetKp(750);
    PID_M1_SetKi(0);
    PID_M1_SetKd(600);

    PID_M2_SetPoint(set_y);                     //Y 方向 PID 跟踪目标值 cos
    PID_M2_SetKp(500);
    PID_M2_SetKi(0);
    PID_M2_SetKd(500);

    M1.PWM = PID_M1(M1.CurPos);                 //Pitch 俯仰角
    M2.PWM = PID_M2(M2.CurPos);                 //Roll 滚转角

    if(M1.PWM > PWM_HIGH_MAX)    M1.PWM=PWM_HIGH_MAX;     //输出限幅
    if(M1.PWM < -PWM_HIGH_MAX) M1.PWM=-PWM_HIGH_MAX;

    if(M2.PWM > PWM_HIGH_MAX)    M2.PWM=PWM_HIGH_MAX;
    if(M2.PWM < -PWM_HIGH_MAX) M2.PWM=-PWM_HIGH_MAX;
    MotorMove(M1.PWM,M2.PWM);
    }
```

6.3.5　按键功能选择源代码

按键功能选择的源代码如下：

```
/*-------------------------------
      独立按键选择菜单
单片机型号：STC1558S4
-------------------------------*/
```

```
#include "timer.h"
#include "key.h"
#include "STC15.h"
#include "FsBSP_Delay.h"
#include "stdio.h"
#include "FsBSP_Uart.h"
/*----------------------------------------
                全局变量
----------------------------------------*/
unsigned int Item = 0;
unsigned int Q_Start = 0;

char buf[512];              //液晶屏数据缓冲区
extern float R;
extern float angle;
extern int RoundDir;
extern unsigned int CurMode;

/*---------------------------------------------
函数功能：独立按键检测
函数参数：
函数回值：
---------------------------------------------*/
void KeyScan(void)
{
    if(key_1 == KEY_PRESSED)        //K1
    {
    switch(Item)
    {
        case 2:R+=5.0;
                if(R >=35.0) R =35.0;
                sprintf(buf,"xstr 100,0,100,30,0,WHITE,BLACK,1,1,1,        \"设置
长度:%.1f\"",R);
                Uart_send(buf);
```

```
                    break;              //任务 2，按下 S4 增加距离
            case 3:angle+=10.0;
                    if(angle >=180.0)
                        angle=0.0;
                    sprintf(buf,"xstr 100,0,100,30,0,WHITE,BLACK,1,1,1,             \" 设 置
角度:%.1f\"",angle);
                    Uart_send(buf);
                    break;              //任务 3，按下 S4 增加角度
            case 5:R+=5.0;
                    if(R >=35.0) R =35.0;
                    sprintf(buf,"xstr .100,0,100,30,0,WHITE,BLACK,1,1,1,             \" 设 置
半径:%.1f\"",R);
                    Uart_send(buf);
                    break;
            case 6:R+=5.0;
                    if(R >=35.0) R =35.0;
                    sprintf(buf,"xstr 100,0,100,30,0,WHITE,BLACK,1,1,1,             \" 设 置
半径:%.1f\"",R);
                    Uart_send(buf);
                    break;
            default:break;
        }
    }

    if(key_2==KEY_PRESSED) //K2
    {
        switch(Item)
        {
            case 2:R-=5.0;
                    if(R <=15.0) R =15.0;
                    sprintf(buf,"xstr 100,0,100,30,0,WHITE,BLACK,1,1,1,             \" 设 置
长度:%.1f\"",R);
                    Uart_send(buf);
                        break;              //任务 2，按下 S4 减小距离
            case 3:angle-=10.0;
```

```
                if(angle < 0.0)
                    angle =170.0;
                sprintf(buf,"xstr 100,0,100,30,0,WHITE,BLACK,1,1,1,          \" 设 置
角度:%.1f\"",angle);
                Uart_send(buf);
                break;                  //任务 3，按下 S4 减小角度
            case 5:R-=5.0;
                if(R <=15.0) R=15.0;
                sprintf(buf,"xstr 100,0,100,30,0,WHITE,BLACK,1,1,1,          \" 设 置
半径:%.1f\"",R);
                Uart_send(buf);
                break;
            case 6:R-=5.0;
                if(R <=15.0) R =15.0;
                sprintf(buf,"xstr 100,0,100,30,0,WHITE,BLACK,1,1,1,          \" 设 置
半径:%.1f\"",R);
                Uart_send(buf);
                break;
            default:break;
        }
    }
    if(key_3 ==KEY_PRESSED) //K3
    {
        switch(Item)
        {
            case 1:Q_Start =1;
                sprintf(buf,"xstr   200,0,120,48,0,WHITE,BLACK,1,1,1,\"开始\"");
                Uart_send(buf);
                break;
            case 2:Q_Start =2;
                sprintf(buf,"xstr   200,0,120,48,0,WHITE,BLACK,1,1,1,\"  开始\"");
                Uart_send(buf);
                break;
            case 3:Q_Start=3;
```

```
                sprintf(buf,"xstr   200,0,120,48,0,WHITE,BLACK,1,1,1,\" 开始\"");
                Uart_send(buf);
                break;
        case 4:Q_Start=4;
                sprintf(buf,"xstr   200,0,120,48,0,WHITE,BLACK,1,1,1,\" 开始\"");
                Uart_send(buf);break;

        case 5:Q_Start=5;
                RoundDir =!RoundDir;
                if(RoundDir==1)
               sprintf(buf,"xstr   200,0,120,48,0,WHITE,BLACK,1,1,1,\"顺时针开始\"");
                else
               sprintf(buf,"xstr   200,0,120,48,0,WHITE,BLACK,1,1,1,\"逆时针开始\"");
                Uart_send(buf);break;
        case 6:Q_Start=6;
               sprintf(buf,"xstr   200,0,120,48,0,WHITE,BLACK,1,1,1,\"开始\"");
                Uart_send(buf);break;
        default:break;
    }
}
if(key_4==KEY_PRESSED)        //K4
{
    Item++;
    while(Item>6)                    //任务 6
        Item=0;
    if(Item==0)
    {   sprintf(buf,"xstr   0,0,100,48,0,WHITE,BLACK,1,1,1,\"停止\"");
        Uart_send(buf);
    }
    else
    {   sprintf(buf,"xstr   0,0,100,48,0,WHITE,BLACK,1,1,1,\"第%问\"",Item);
        Uart_send(buf);
    }
}
}
```

```
/*------------------------------------------------
函数功能：向串口屏发送指令
函数参数：
函数回值：
------------------------------------------------*/
void Uart_send(unsigned char *upStr)
{
        while(*upStr)
        {
        UART_SendOneByte(*upStr++);          //调用串口 1 发送一个字节函数，将一个字节一个字节发送数据
    }
        UART_SendOneByte(0xFF);
        UART_SendOneByte(0xFF);
        UART_SendOneByte(0xFF);
}
```

6.3.6 MPU6050 传感器函数

MPU6050 传感器函数的源代码如下：

```
#include "6050.h"
#include "IIC.h"
#include <math.h>

#define ORIGINAL_OUTPUT                  (0)
#define ACC_FULLSCALE                    (2)
#define GYRO_FULLSCALE                   (250)
/*---------------------------------------------
选择 MPU6050 的量程（量程越大，精度越小）
---------------------------------------------*/
#if ORIGINAL_OUTPUT==0
#if    ACC_FULLSCALE==2
      #define AccAxis_Sensitive (float)(16384)
#elif ACC_FULLSCALE==4
      #define AccAxis_Sensitive (float)(8192)
```

```
#elif ACC_FULLSCALE==8
    #define AccAxis_Sensitive (float)(4096)
#elif ACC_FULLSCALE==16
    #define AccAxis_Sensitive (float)(2048)
#endif

#if   GYRO_FULLSCALE==250
    #define GyroAxis_Sensitive (float)(131.0)
#elif GYRO_FULLSCALE==500
    #define GyroAxis_Sensitive (float)(65.5)
#elif GYRO_FULLSCALE==1000
    #define GyroAxis_Sensitive (float)(32.8)
#elif GYRO_FULLSCALE==2000
    #define GyroAxis_Sensitive (float)(16.4)
#endif

#else
#define AccAxis_Sensitive    (1)
#define GyroAxis_Sensitive   (1)
#endif
/*------------------------------------------
    定义 MPU6050 全局结构体变量
------------------------------------------*/
//**************************************
//初始化 MPU6050
//**************************************
void InitMPU6050()
{
Single_WriteI2C(PWR_MGMT_1, 0x00);    //解除休眠状态
Single_WriteI2C(SMPLRT_DIV, 0x07);    //陀螺仪采样率，典型值：//0x07(125Hz)
Single_WriteI2C(CONFIG, 0x04);        //低通滤波频率，典型值：0x05（10Hz）
Single_WriteI2C(GYRO_CONFIG, 0x00);   //陀螺仪自检及测量范围，典型值：0x18（不
自检，2000deg/s)
Single_WriteI2C(ACCEL_CONFIG, 0x01); //加速计自检、测量范围及高通滤波频率，典
```

```
型值：0x01（不自检，2G，5Hz）
}
/************************************************************/
//函数名称
//入口参数：原始数据高位地址 REG_Address
//出口参数：MPU6050 的原始数据
//函数功能：MPU6050 相应原始数据
/************************************************************/
int GetData(unsigned char REG_Address)
{
char H,L;
H=Single_ReadI2C(REG_Address);
L=Single_ReadI2C(REG_Address+1);
return (H<<8)+L;    //合成数据
}
/**********************************************************/
//函数名称：
//入口参数：无
//出口参数：无
//函数功能：获取 MPU6050 相应轴上的加速度数据【加速度计】
/**********************************************************/
float getAccX ()
{
  return ((float)GetData(ACCEL_XOUT_H) / AccAxis_Sensitive);
}

float getAccY ()
{
  return ((float)GetData(ACCEL_YOUT_H) / AccAxis_Sensitive);
}

float getAccZ ()
{
  return ((float)GetData(ACCEL_ZOUT_H) / AccAxis_Sensitive);
}
```

```
/****************************************************************/
//函数名称:
//入口参数: 无
//出口参数: 无
//函数功能: 获取 MPU6050 相应轴上的角速度数据【陀螺仪】
/****************************************************************/
float getGyroX ()
{
   return ((float)GetData(GYRO_XOUT_H) / GyroAxis_Sensitive);
}

float GetGyroY ()
{
   return ((float)GetData(GYRO_YOUT_H) / GyroAxis_Sensitive);
}

float GetGyroZ ()
{
   return ((float)GetData(GYRO_ZOUT_H) / GyroAxis_Sensitive);
}
/*-----------------------------------------
获取俯仰角: pitch
-----------------------------------------*/
float getFuYangAngle(void)
{
float tmp_accx,tmp_accz,tmp_accy,tmp_angle = 0.0;
tmp_accx = getAccX();
tmp_accy = getAccY();
tmp_accz = getAccZ();
tmp_angle = atan((sqrt(tmp_accy*tmp_accy + tmp_accz*tmp_accz)) / tmp_accx) * 57.2958;
return tmp_angle;
}
/*-----------------------------------------
获取横滚角: roll
-----------------------------------------*/
```

```
float getHengGunAngle(void)
{
float tmp_accz,tmp_accy,tmp_angle = 0.0;
tmp_accz = getAccZ();
tmp_accy = getAccY();
tmp_angle = atan(tmp_accy / tmp_accz) * 57.2958;
return tmp_angle;
}
/*-----------------------------------------
获取航向角 yaw，和横滚角一样
-----------------------------------------*/
float getHangXiangAngle(void)
{
float tmp_accz,tmp_accy,tmp_angle=0.0;
tmp_accz=getAccZ();
tmp_accy=getAccY();
tmp_angle=atan(tmp_accy / tmp_accz) * 57.2958;
return tmp_angle;
}
```

6.3.7 四元素算法源代码

四元素算法源代码的源代码如下：

```
#include <STC15.H>
#include "IMU.H"
#include <math.H>

#define pi 3.14159265f
#define Kp 5.1f                //比例增益 15.1f
#define Ki 0.01f               //积分增益系数 0.001f
#define halfT 0.003f           //采样周期的一半

float idata q0=1,q1=0,q2=0,q3=0;
float idata exInt=0,eyInt=0,ezInt=0;
void IMUupdate(float gx, float gy, float gz, float ax, float ay, float az)
```

```
{
float idata norm;
float idata vx, vy, vz;              //重力单位向量
float idata ex, ey, ez;
float idata q0q0=q0*q0;
float idata q0q1=q0*q1;
float idata q0q2=q0*q2;
float idata q0q3=q0*q3;
float idata q1q1=q1*q1;
float idata q1q2=q1*q2;
float idata q1q3=q1*q3;
float idata q2q2=q2*q2;
float idata q2q3=q2*q3;
float idata q3q3=q3*q3;

norm=sqrt(ax*ax + ay*ay + az*az);
ax=ax /norm;
ay=ay / norm;
az=az / norm;
vx=2*(q1q3 - q0q2);
vy=2*(q0q1 + q2q3);
vz=q0q0 - q1q1 - q2q2 + q3q3 ;
ex=(ay*vz - az*vy) ;
ey=(az*vx - ax*vz) ;
ez=(ax*vy - ay*vx) ;
exInt=exInt+ex * Ki;
eyInt=eyInt+ey * Ki;
ezInt=ezInt+ez * Ki;

gx=gx+Kp*ex+exInt;
gy=gy+Kp*ey+eyInt;
gz=gz+Kp*ez+ezInt;

q0=q0+(-q1*gx - q2*gy - q3*gz)*halfT;
q1=q1+(q0*gx+q2*gz - q3*gy)*halfT;
```

```
q2=q2+(q0*gy - q1*gz+q3*gx)*halfT;
q3=q3+(q0*gz+q1*gy - q2*gx)*halfT;

norm=sqrt(q0*q0+q1*q1 + q2*q2+ q3*q3);
q0=q0 / norm;
q1=q1 / norm;
q2=q2 / norm;
q3=q3 / norm;
Pitch=asin(2*(q0*q2-q1*q3 ))* 57.2957795f;  //pitch  俯仰角
Roll=asin(2*(q0*q1+q2*q3 ))* 57.2957795f;  // roll  横滚角

}
```

6.3.8 IIC 数据传输协议

IIC 数据传输协议的源代码如下：

```
#include <stc15.h>
#include "IIC.h"
#include "6050.h"
#include <intrins.h>

sbit    SCL=P2^5;               //IIC 时钟引脚定义
sbit    SDA=P2^4;               //IIC 数据引脚定义
//**************************************
//延时 2us
//**************************************
void Delay2us()                 //@30.000MHz
{
unsigned char i;
_nop_();
_nop_();
i = 12;
while (--i);
}
//**************************************
```

```
//I2C 起始信号
//***************************************
void I2C_Start()
{
    SDA=1;                  //拉高数据线
    SCL=1;                  //拉高时钟线
    Delay2us();             //延时
    SDA=0;                  //产生下降沿
    Delay2us();             //延时
    SCL=0;                  //拉低时钟线
}
//***************************************
//I2C 停止信号
//***************************************
void I2C_Stop()
{
    SDA=0;                  //拉低数据线
    SCL=1;                  //拉高时钟线
    Delay2us();             //延时
    SDA=1;                  //产生上升沿
    Delay2us();             //延时
}
//***************************************
//I2C 发送应答信号
//入口参数：ack (0:ACK 1:NAK)
//***************************************
void I2C_SendACK(bit ack)
{
    SDA=ack;            //写应答信号
    SCL=1;              //拉高时钟线
    Delay2us();         //延时
    SCL=0;              //拉低时钟线
    Delay2us();         //延时
}
//***************************************
```

```
//I2C 接收应答信号
//**************************************
bit I2C_RecvACK()
{
    SCL=1;                  //拉高时钟线
    Delay2us();             //延时
    CY=SDA;                 //读应答信号
    SCL=0;                  //拉低时钟线
    Delay2us();             //延时
    return CY;
}
//**************************************
//向 I2C 总线发送一个字节数据
//**************************************
void I2C_SendByte(uchar dat)
{
    uchar i;
    for (i=0; i<8; i++)                 //8 位计数器
    {
        dat <<=1;                       //移出数据的最高位
        SDA =CY;                        //送数据口
        SCL =1;                         //拉高时钟线
        Delay2us();                     //延时
        SCL=0;                          //拉低时钟线
        Delay2us();                     //延时
    }
    I2C_RecvACK();
}
//**************************************
//向 I2C 总线发送一个字节数据
//**************************************
uchar I2C_RecvByte()
{
    uchar i;
    uchar dat=0;
```

```
    SDA=1;                          //使能内部上拉，准备读取数据
    for (i=0; i<8; i++)             //8 位计数器
    {
        dat <<=1;
        SCL =1;                     //拉高时钟线
        Delay2us();                 //延时
        dat |=SDA;                  //读数据
        SCL=0;                      //拉低时钟线
        Delay2us();                 //延时
    }
    return dat;
}
//**************************************
//向 I2C 设备写入一个字节数据
//**************************************
void Single_WriteI2C(uchar REG_Address,uchar REG_data)
{
    I2C_Start();                    //起始信号
    I2C_SendByte(SlaveAddress);     //发送设备地址＋写信号
    I2C_SendByte(REG_Address);      //内部寄存器地址
    I2C_SendByte(REG_data);         //内部寄存器数据
    I2C_Stop();                     //发送停止信号
}
//**************************************
//从 I2C 设备读取一个字节数据
//**************************************
uchar Single_ReadI2C(uchar REG_Address)
{
uchar REG_data;
I2C_Start();                    //起始信号
I2C_SendByte(SlaveAddress);     //发送设备地址＋写信号
I2C_SendByte(REG_Address);      //发送存储单元地址，从 0 开始
I2C_Start();                    //起始信号
I2C_SendByte(SlaveAddress＋1); //发送设备地址＋读信号
```

```
REG_data=I2C_RecvByte();        //读出寄存器数据
I2C_SendACK(1);                 //接收应答信号
I2C_Stop();                     //停止信号
return REG_data;
}
```

6.3.9 延时函数 FsBSP_Delay.c

延时函数 FsBSP_Delay.c 的源代码如下：

```
/*****************************************************/
#include "FsBSP_Delay.h"
/* ************************************************
 * 函数名称：DelayMS()
 * 入口参数：ms,要延时的 ms 数
 * 出口参数：无
 * 函数功能：不精确延时
************************************************* */
void DelayMS(unsigned int ms)
{
     unsigned int i;
 do{
      i = MAIN_Fosc / 13000;
      while(--i);
     }while(--ms);
}
```

6.3.10 串口通信函数 FsBSP_Uart.c

串口通信函数 FsBSP_Uart.c 的源代码如下：

```
/******************************************* */
#include "FsBSP_Uart.h"
/* ****************************************
* 函数名称：UART1_Init()
* 入口参数：无
* 出口参数：无
```

```
* 函数功能：初始化串口 1 采用定时器 2 作为波特率发生器
*********************************************** */
void UART1_Init(void)
{
SCON = 0x50;        //8 位数据，可变波特率@30.00M
AUXR |= 0x01;       //串口 1 选择定时器 2 为波特率发生器
AUXR |= 0x04;       //定时器 2 时钟为 Fosc，即 1T
T2L = 0xBF;         //设定定时初值
T2H = 0xFF;         //设定定时初值
AUXR |= 0x10;       //启动定时器 2
}
/* ******************************************************************
* 函数名称：UART_SendOneByte(unsigned char uDat)
* 入口参数：unsigned char uDat
* 出口参数：无
* 函数功能：串口 1 发送一个字节函数
****************************************************************** */
void UART_SendOneByte(unsigned char uDat)
{
SBUF = uDat;        //将待发送到数据放到发送缓冲器中
while(!TI);         //等待发送完毕，发送完毕之后为：1
TI = 0;             //软件清零
}
/* ******************************************************************
 * 函数名称：UART_SendString(unsigned char *upStr)
 * 入口参数：unsigned char *upStr
 * 出口参数：无
 * 函数功能：发送字符串函数，用指针来做形参
****************************************************************** */
void UART_SendString(unsigned char *upStr)
{
while(*upStr)
{
UART_SendOneByte(*upStr++);        //调用串口 1 发送一个字节函数，将一个字节一个
```

```
字节发送。
    }
    }
```

6.3.11 STC15W4KPWM.C 函数

STC15W4KPWM.C 函数的源代码如下：

```
#include "STC15.H"
#include "STC15W4KPWM.H"
void PWMGO()
{
//所有 I/O 口全设为准双向，弱上拉模式
P0M0=0x00;
P0M1=0x00;
P1M0=0x00;
P1M1=0x00;
P2M0=0x00;
P2M1=0x00;
P3M0=0x00;
P3M1=0x00;
P4M0=0x00;
P4M1=0x00;
P5M0=0x00;
P5M1=0x00;
P6M0=0x00;
P6M1=0x00;
P7M0=0x00;
P7M1=0x00;
//设置需要使用的 PWM 输出口为强推挽模式
P2M0=0x0e;
P2M1=0x00;
P3M0=0x80;
P3M1=0x00;
P_SW2=0x80;  //最高位置 1 才能访问和 PWM 相关的特殊寄存器
PWMCFG=0xb0; //7 位   6 位   5 位      4 位      3 位      2 位      1 位    0 位
```

```
//置0 1-计数器归零触发ADC C7INI  C6INI  C5INI  C4INI  C3INI  C2INI
//      0-归零时不触发ADC （值为1时上电高电平，为0低电平）
PWMCKS=0x10; //7位  6位  5位   4位   3位   2位   1位  0位
             //置0  0-系统时钟分频  分频参数设定
             //     1-定时器2溢出，时钟=系统时钟/（[3：0]+1）
PWMIF=0x00;  //7位  6位  5位   4位   3位   2位   1位  0位
//置0  计数器归零中断标志 相应的PWM端口中断标志
PWMFDCR=0x00; //7位  6位  5位   4位   3位   2位   1位  0位
//置0  置0 外部异常检测开关，外部异常时0-无反应，1-高阻状态
//3位              2位                1位                0位
//PWM异常中断  比较器与异常的关系   P2.4与异常的关系  PWM异常标志
PWMCH=0x03; //15位寄存器，决定PWM周期，数值为1～32767，单位：脉冲时钟
PWMCL=0xe9;
//以下为每个PWM输出口单独设置
PWM2CR=0x00;  //7  6  5  4  3  2  1  0
              //置0  输出引脚切换，中断开关，T2中断开关，T1中断开关
PWM3CR=0x00;
PWM4CR=0x00;
PWM5CR=0x00;
PWM2T1H=0x03; //15位寄存器第一次翻转计数，第一次翻转时指从低电平翻到高电平的计时。
PWM2T1L=0xe8;
PWM2T2H=0x03; //15位寄存器第二次翻转计数，第二次翻转是指从高电平翻转到低电平的计时。
PWM2T2L=0xe9; //第二次翻转应比精度等级要高，否则会工作不正常，比如精度1000，第二次翻转就必须小于1000。
PWM3T1H=0x03;
PWM3T1L=0xe8;
PWM3T2H=0x03;
PWM3T2L=0xe9;
PWM4T1H=0x03;
PWM4T1L=0xe8;
PWM4T2H=0x03;
PWM4T2L=0xe9;
PWM5T1H=0x03;
```

```
PWM5T1L–0xe8;
PWM5T2H=0x03;
PWM5T2L=0xe9;
//以上为每个 PWM 输出口单独设置
PWMCR=0x8f;    //7  6  5  4  3  2  1  0    10001111
//PWM 开关  计数归零中断开关，相应 I/O 为 GPIO 模式(0)或模式(1)PWMCKS=0x00。
}
void PWM1(unsigned int PWMa)
{    PWM2T1H=PWMa>>8; //15 位寄存器第一次翻转计数，第一次翻转时指从低电平翻到高电平的计时。
 PWM2T1L=PWMa;
}
void PWM2(unsigned int PWMa)
{    PWM3T1H=PWMa>>8; //15 位寄存器第一次翻转计数，第一次翻转时指从低电平翻到高电平的计时。
     PWM3T1L=PWMa;
}
void PWM3(unsigned int PWMa)
{    PWM4T1H=PWMa>>8; //15 位寄存器第一次翻转计数，第一次翻转时指从低电平翻到高电平的计时。
 PWM4T1L=PWMa;
}
void PWM4(unsigned int PWMa)
{    PWM5T1H=PWMa>>8; //15 位寄存器第一次翻转计数，第一次翻转时指从低电平翻到高电平的计时。
     PWM5T1L=PWMa;
}
```

6.3.12 定时器程序 Timer.c

定时器程序 Timer.c 源代码如下：

```
#include "FsBSP_Uart.h"
#include "FsBSP_Delay.h"
#include "key.h"
#include "IMU.h"
```

```
#include "PID.h"
#include "6050.h"
#include "motor.h"
#include <stdio.h>
#include <math.h>

/*------------------------------------------
            全局变量
------------------------------------------*/
extern unsigned int Motor;
extern unsigned int key;
extern M1TypeDef M1;
extern M2TypeDef M2;
extern unsigned int Q_Start;
void Timer0_ISR(void) interrupt 1
{
ET1 = 0;     //屏蔽定时器 1 的中断
IMUupdate(getGyroX( )*0.0174533,getGyroY()*0.0174533,getGyroZ( )*0.0174533,getAcc
X( ),getAccY(),getAccZ( ));
Pitch-= -2.70 , Roll-= -1.40;
M1.CurPos=Pitch ,M2.CurPos = Roll ;
switch(2)       //Q_Start
{
      case 1: Mode_1( ); break;
      case 2: Mode_2( ); break;
      case 3: Mode_3( ); break;
      case 4: Mode_4( ); break;
      case 5: Mode_5( ); break;
      case 6: Mode_5( ); break;
      default: break;
}
ET1 = 1;                                  //使能定时器 1 的中断
}
void Timer1_ISR(void) interrupt 3
{
```

```
        static unsigned int uCounter = 0;
        ET0 = 0;                          //屏蔽定时器 0 中断
        uCounter++;
        if(uCounter%10 == 0)              //200ms 扫描一次
        {
        uCounter=0;
        P51=~P51;
        KeyScan();
        }
        ET0=1;                            //使能定时器 0 中断
}
/*Timer0  使能函数*/
void Timer0Init(void)                     //6ms@30MHz
{
AUXR &= 0x7F;                             //定时器时钟 1T 模式
TMOD &= 0xF0;                             //设置定时器模式
TL0 = 0x68;                               //设置定时器初值
TH0 = 0xC5;                               //设置定时器初值
TF0 = 0;                                  //清除 TF0 标志
TR0 = 1;                                  //定时器 0 开始计时
ET0 = 1;                                  //打开定时器 0 的中断标志位
EA = 1;                                   //开总中断
}

/*Timer1  中断使能函数*/
void Timer1Init(void)                     //20ms@30.000MHz
{
AUXR &= 0xBF;                             //定时器时钟 12T 模式
TMOD &= 0x0F;                             //设置定时器模式
TL1 = 0xB0;                               //设置定时器初值
TH1 = 0x3C;                               //设置定时器初值
TF1 = 0;                                  //清除 TF1 标志
TR1 = 1;                                  //定时器 1 开始计时
ET1 = 1;                                  //使能定时器 1 的中断
}
```

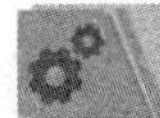

作品展示、自评与互评

（一）作品展示

本系统的硬件 PCB 及作品图片如图 6-13 所示，安装好各模块的主控板如图 6-14 所示，风力摆锤如图 6-15 所示，风力摆控制系统如图 6-16 所示。

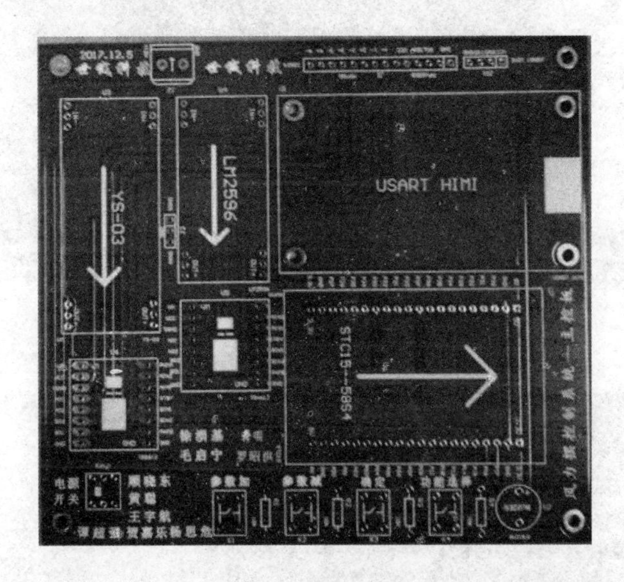

图 6-13　主控板 PCB

图 6-14　安装好各模块的主控板

图 6-15　风力摆锤

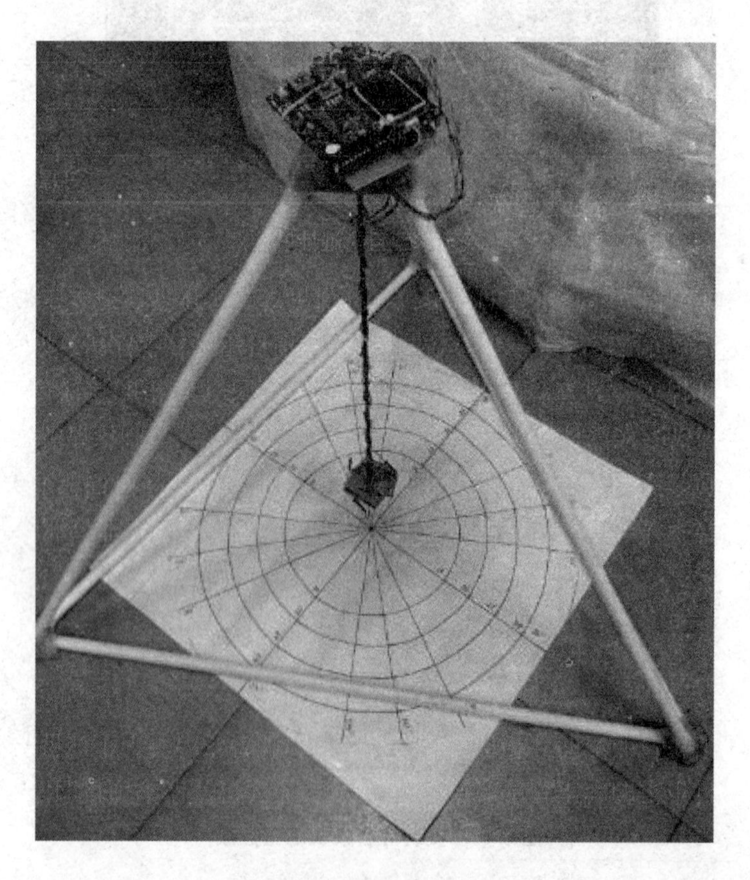

图 6-16　风力摆控制系统

（二）自评

本环节主要考查学生在本项目设计的过程中掌握知识与技能的程度，能够较好地反映项目驱动教学法对学生个人能力提升的意义，也是作为教师后续给学生打分的一项指标。

（三）互评

本环节为项目小组的学生，一般为 3～5 个，学生通过完成本项目的情况，以及在本项目完成过程中的工作与能力的互相评价，也是作为教师最终给予学生评价的一项指标。

教师点评与拓展

1．点评标准

本项目驱动教学法，主要是锻炼学生的综合能力，本项目包括非专业能力及专业能力，其中非专业能力包含学习兴趣、学以致用情况、综合能力情况、协调能力情况、项目管理情况、总结汇报情况、实践操作情况、创意；专业能力包含支架制作情况、主控板 PCB 设计情况、程序设计情况、参数整定情况，综合评分可以参考小组的自评与互评情况。教师可以通过表 6-5 大致可以给学生一个客观的评价，本项目驱动教学法得分情况能比较真实地反映学生真正的能力情况，较以往的以考试分数评价学生比较符合当今社会对人才的评价。

表 6-5　本项目教师评分标准

序号	项目	分值
非专业能力得分		
1	学习兴趣	5
2	学以致用情况	5
3	综合能力情况	5
4	协调能力情况	5
5	项目管理情况	5
6	总结汇报情况	5
7	实践操作情况	15
8	创意	5
专业能力得分		
9	支架制作情况	5
10	主控板 PCB 设计情况	15
11	程序设计情况	15
12	参数整定情况	5

续表 6-5

序号	项目	分值
自评与互评得分		
13	自评	5
14	互评	5
总得分		

2．分析布置拓展的知识与技能

学生通过本项目，主要学习了主控板 PCB 电路设计、支架制作、程序设计（含算法设计）、参数整定方法，掌握了通过程序来改变摆锤的运动轨迹，为了能够达到学以致用的目的，可以自行编写程序，让摆锤按学生自定的轨迹运动。

智能交通灯控制系统设计

交通信号灯的出现，使交通规则得到了很大的改善，对于车辆的管理和通行更为有效。1968 年，联合国《道路交通和道路标志信号协定》对各种交通信号灯做了明确的规定：绿灯表示通行，在绿灯下，车辆向相应的方向行驶，除非另一种标志禁止某一种转向；红灯表示禁止，在红灯下，车辆必须在相应的停车线后停车；黄灯表示警告，在黄灯下，已经穿越停车线的车辆和行人应继续向前，而为超出停车线的车辆在停车线后等待。对于左转和右转的车辆在通过道口时，应先让在道口上行驶的车辆或者人行道行走的行人优先通行。

随着经济的快速发展，交通运输中出现了一些传统方法难以解决的问题。例如：道路拥堵现象越来越严重，直接造成的经济损失也越来越大。在交通管理中引入单片机交通灯控制代替交通管理人员在交叉路口服务，提高交通的管理质量和服务要求，同时也提高了交通运输的安全性。并在一定程度上尽可能地降低由道路拥堵造成的经济损失，同时也降低了人力资源的消耗。

交通信号灯指挥系统是实现交通井然有序的关键。本项目采用单片机和时钟芯片来实现交通信号灯的智能控制。该系统主要包含单片机主控系统、时钟控制系统、交通灯显示、LED 倒计时、按键模块。系统分为两种工作模式：正常模式和繁忙模式，利用 DS1302 时间芯片进行自动控制，从而更好的控制上下班高峰期所造成的交通问题，实现自动控制功能。

项目任务

（1）设计单片机控制的交通灯系统原理图。

（2）设计单片机控制的交通灯系统程序。

（3）设计单片机控制的交通灯系统仿真程序。

（4）焊接并测试该交通灯控制系统硬件。

项目目标

（1）通过制作设计智能交通灯控制系统，提高学生动手能力。

（2）通过交通灯原理图设计，加强学生对模拟电子技术、数字电子技术、印刷电路板设计等知识的理解，提高硬件设计能力。

（3）通过对该控制系统的编程，使学生深入掌握C语言、单片机、自动控制等知识，提高学生将理论知识应用工程实践的能力。

（4）通过该项目的设计，使学生掌握工程设计的一般流程与思想方法。

项目实施

1. 理论支撑

为了能够顺利的完成本项目，在实践之前应该查阅有关模拟电子技术、数字电子技术、电路仿真、单片机、C语言、自动控制原理等知识。

2. 操作实践

（1）识图，了解结构及原理。

（2）各小组分析、讨论并制定实施方案。

（3）参考工艺。

（4）结合方案合理选用准备材料、设备、工具、量具，分别如表7-1～表7-4所示。

表7-1　元器件准备

序号	设备名称	封装形式	参数要求	数量
1	STC89C52RC	DIP40	无	1片
2	IC底座	DIP40	无	1个
3	SN74LS245N	DIP20	无	1片
4	IC底座	DIP20	无	1个
5	DS1302	DIP8	无	1片
6	IC底座	DIP8	无	1个
7	瓷片电容	直插	30 pF	4个
8	电解电容	直插	10 μF	1个
9	发光二极管（红色）	直插	5 mm	5个
10	发光二极管（绿色）	直插	5 mm	4个
11	发光二极管（黄色）	直插	5 mm	4个
12	2位（共阴）数码管	直插	0.36英寸	4个
13	1/4W电阻	直插	2 K	4个
14	1/4W电阻	直插	300Ω	13个
15	1/4W电阻	直插	10 K	4个
16	晶振	XTAL1	12 MHz	1个

续表 7-1

序号	设备名称	封装形式	参数要求	数量
17	晶振	XTAL1	32.768 kHz	1 个
18	4 脚轻触按键	直插（卧式）	6 mm×6 mm×10 mm	5 个
19	万能板		20 cm×20 cm	1 块
20	焊接单股细导线		2.5 m	
21	9013 三极管	直插	无	4 个
22	USB 电源接头（母头）	USB-A 型母座 90 度弯脚	无	1 个
23	带线 9V 电池扣		无	1 个

表 7-2　材料准备

序号	材料名称	要求	数量
1	镊子	15 cm 长防静电	1 把
2	焊锡丝	直径 0.8 mm	1 卷
3	焊锡膏	金鸡牌	1 瓶

表 7-3　工具准备

序号	工具名称	要求	数量
1	电烙铁	35 W	1 把
2	电钻	400 W，配 2 mm、5 mm、8 mm 钻头	1 把
3	美工刀	无	1 把
4	螺丝刀	小型一字，十字	各 1 把
5	斜口钳	无	1 把

表 7-4　量具准备

序号	量具名称	要求	数量
1	卷尺	量程：3 m	1 把
2	毫米刻度尺	量程：30 cm	1 把
3	万用表	数字式	1 台

组织实施

7.1　智能交通灯控制系统总体设计方案

本设计是基于 STC89C52RC 单片机的交通灯控制系统的设计。主控系统采用

STC89C52RC 单片机作为控制器，系统电源采用独立的＋5 V 稳压电源，有各种成熟电路可供选用，使此方案可靠稳定。该设计可直接在 I/O 口上接按键开关，精简并优化了电路。结合实际情况，显示界面采用点阵 LED 数码管动态扫描的方法，满足了倒计时的时间显示输出和状态灯提示信息输出的要求，降低系统的复杂度。

交通灯控制系统由单片机、按键控制、DS1302 时钟芯片、LED 信号灯、驱动芯片及数码管等构成。系统总体设计框图如图 7-1 所示。

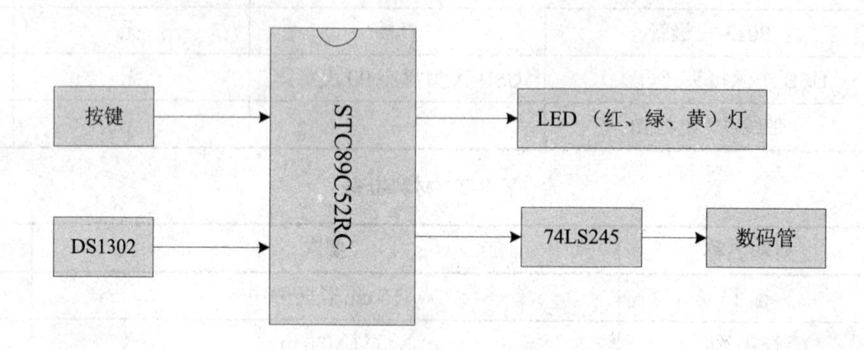

图 7-1　系统总体设计框图

系统以 STC89C52RC 单片机为核心控制，LED 数码管作为倒计时指示，实时显示各个路口信号灯倒计时状态。按键模块可以根据交通状况调整车辆通行时间。系统还增设了 DS1302 时钟采集模块，根据人流高峰期自动变换通行时间，以提高效率，减缓交通拥挤。

7.2　交通灯系统硬件设计

7.2.1　交通灯系统工作原理

系统上电或手动复位之后，倒计时数值通过 P0 口由数码管显示，同时通过定时中断的方法计时 1 s，到达 1 s 则倒计时减 1，同时刷新 LED 数码管。当时间到达一个状态所需要的全部时间就进行下一状态判断及衔接，并显示下一个状态的相应信号灯以及时间值。

信号灯和数码管显示过程中系统会等待按键按下，当 SET 键按下后，可以调整东西及南北通行时间。同时系统通过读取 DS1302 时钟芯片中小时位的数值，实现定时调整东西及南北的车辆通行时间的功能，以达到自动控制的目的。交通灯控制系统电路图如图 7-2 所示。

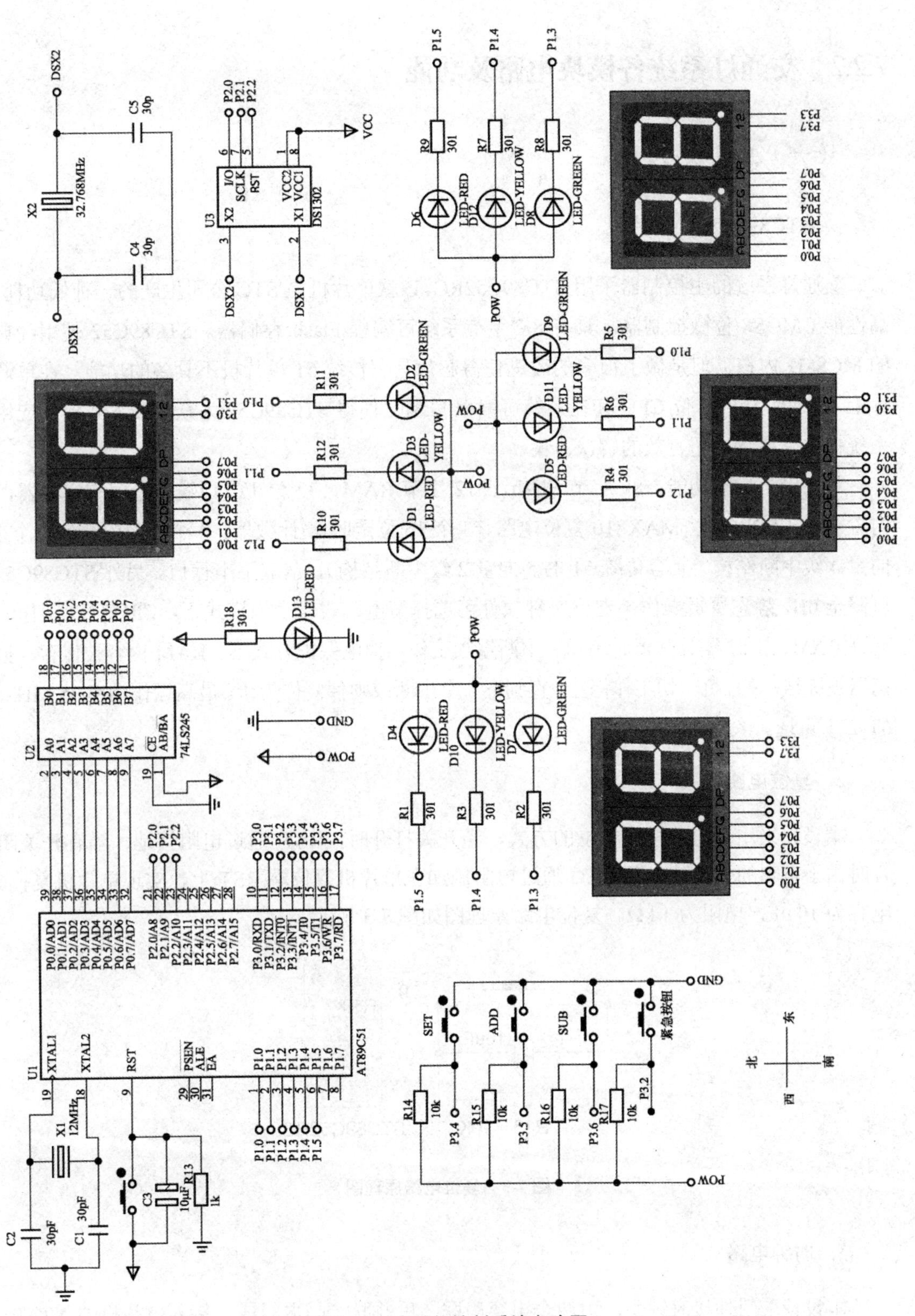

图 7-2　交通灯控制系统电路图

7.2.2 交通灯系统各模块电路及功能

（一）主控模块

1．STC89C52RC 单片机

交通灯系统的主控制器采用 STC89C52RC，该款单片机是 STC 公司生产的一种低功耗、高性能 CMOS8 位微控制器，具有 8K 字节系统可编程 Flash 存储器。STC89C52 使用经典的 MCS-51 内核，但是做了很多的改进使得芯片具有传统 51 单片机不具备的功能。在单芯片上，拥有灵巧的 8 位 CPU 和在系统可编程 Flash，使得 STC89C52 为众多嵌入式控制应用系统提供高灵活、超有效的解决方案。

具有以下标准功能：8k 字节 Flash，512 字节 RAM，32 位 I/O 口线，看门狗定时器，内置 4KB EEPROM，MAX810 复位电路，3 个 16 位定时器/计数器，4 个外部中断，一个 7 向量 4 级中断结构（兼容传统 51 的 5 向量 2 级中断结构），全双工串行口。另外 STC89C52 可降至 0Hz 静态逻辑操作，支持 2 种软件可选择节电模式。空闲模式下，CPU 停止工作，允许 RAM、定时器/计数器、串口、中断继续工作。掉电保护方式下，RAM 内容被保存，振荡器被冻结，单片机一切工作停止，直到下一个中断或硬件复位为止。最高运作频率 35 MHz，6T/12T 可选。

2．复位电路

本设计采用上电＋按钮复位的方式，当开关打开时，RST 通过电阻接地，当有开关闭合时由于电容的作用使电源 VCC 通过电阻施加在单片机复位端 RST 上，实现单片机复位。电容为 10 μF，电阻为 1 kΩ。复位电路原理图如图 7-3 所示。

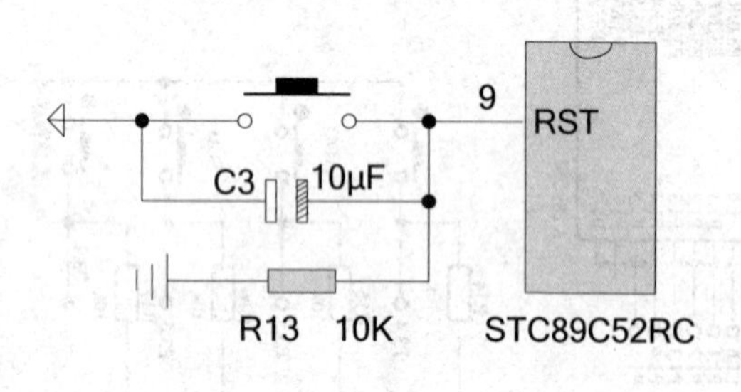

图 7-3 复位电路原理图

3．时钟电路

本设计采用外接时钟源，由两个电容串联之后并联一晶振组成，接入单片机的 XTAL1

和 XTAL2 端，晶振振荡频率为 12 MHz，两电容约为 30 pF。时钟电路原理图如图 7-4 所示。

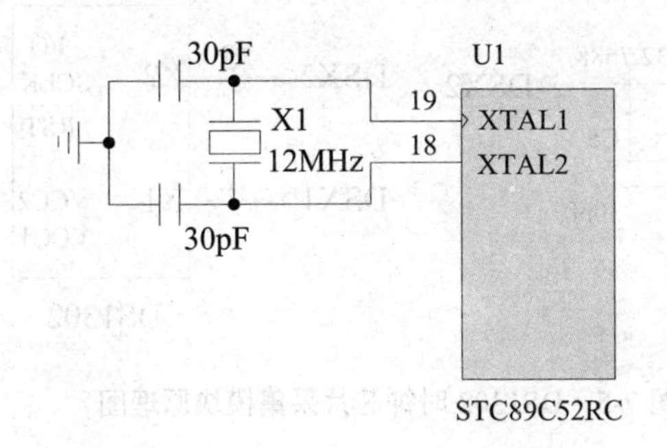

图 7-4　时钟电路原理图

（二）LED 显示模块

设计采用两位共阴极 7 段数码管显示倒计时。LED 数码管由 7 条线段围成 8 字型，每一段包含一个发光二极管，外加正向电压时二极管导通，发出清晰的光。只要按规律控制各发光段亮、灭，就可以显示各种字形或符号。为了显示 LED 数码管的动态扫描，不仅要给数码管提供段（字形代码）的输入，还要对数码管加位控制。因此多位 LED 数码管接口电路需要有两个输出口，其中一个用于输出 8 条段控线，另一个用于输出位控线。

同时，该设计采用 74LS245 驱动 LED 数码管，它是 8 路同相三态双向总线收发器，可双向传输数据。当 80C51 单片机的 P0 口总线负载达到或超过 P0 最大负载能力时，必须接入 74LS245 等总线驱动器。

当片选端/CE 低电平有效时，DIR＝“0”，信号由 B 向 A 传输（接收）；DIR＝“1”，信号由 A 向 B 传输（发送）；当 CE 为高电平时，A、B 均为高阻态。

P0 口与 74LS245 输入端相连，E 端接地，保证数据线畅通。80C51 的/RD 和/PSEN 相与后接 DIR，使得 RD 且 PSEN 有效时，74LS245 输入（P0.1←D1），其他时间处于输出（P0.1→D1）。

（三）DS1302 时钟采集模块

X1 和 X2 接时钟晶振，大小为 32.768 MHz，为芯片提供计时脉冲，VCC1 和 VCC2 接 5 V 电压，I/O、SCLK 和 ST 分别接单片机的 P2.0、P2.1 和 P2.2 引脚。

该设计通过读取 DS1302 时钟芯片内小时位的数值，并通过比较之后实现不同时间段交通灯的智能控制。DS1302 时钟芯片采集模块原理图如图 7-5 所示。

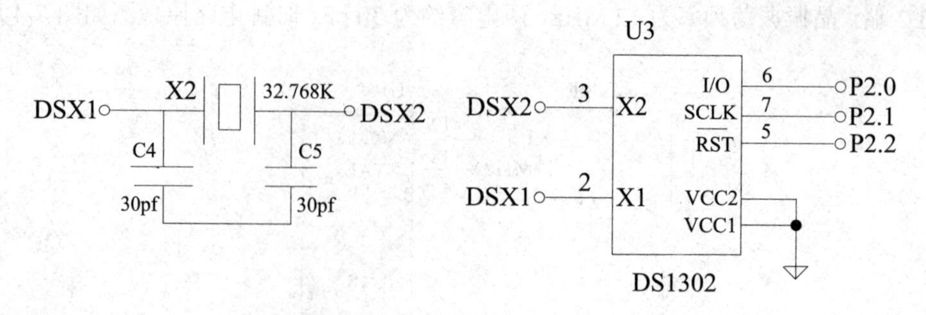

图 7-5 DS1302 时钟芯片采集模块原理图

（四）按键模块

除系统根据时间自动控制调整，也可以通过键盘进行手动设置，增加了人为的可控性，避免故障和意外发生。

本设计设置了 3 个按键：SET 键 P3.4，ADD 键 P3.5，SUB 键 P3.6。每个按键一端接地，另一端接上拉电阻，低电平有效，当按键按下及端口接地，单片机捕获到低电平，从而知道相应的输入信息。按键原理图如图 7-6 所示。

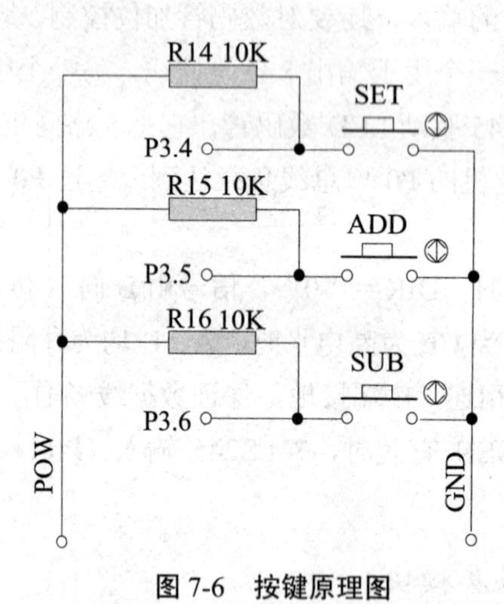

图 7-6 按键原理图

7.3 交通灯系统软件设计

7.3.1 程序主体设计流程

交通灯控制系统的控制程序分为若干模块：按键程序、显示程序、定时中断程序、DS1302 时钟程序。交通灯控制系统的主程序流程图如图 7-7 所示。

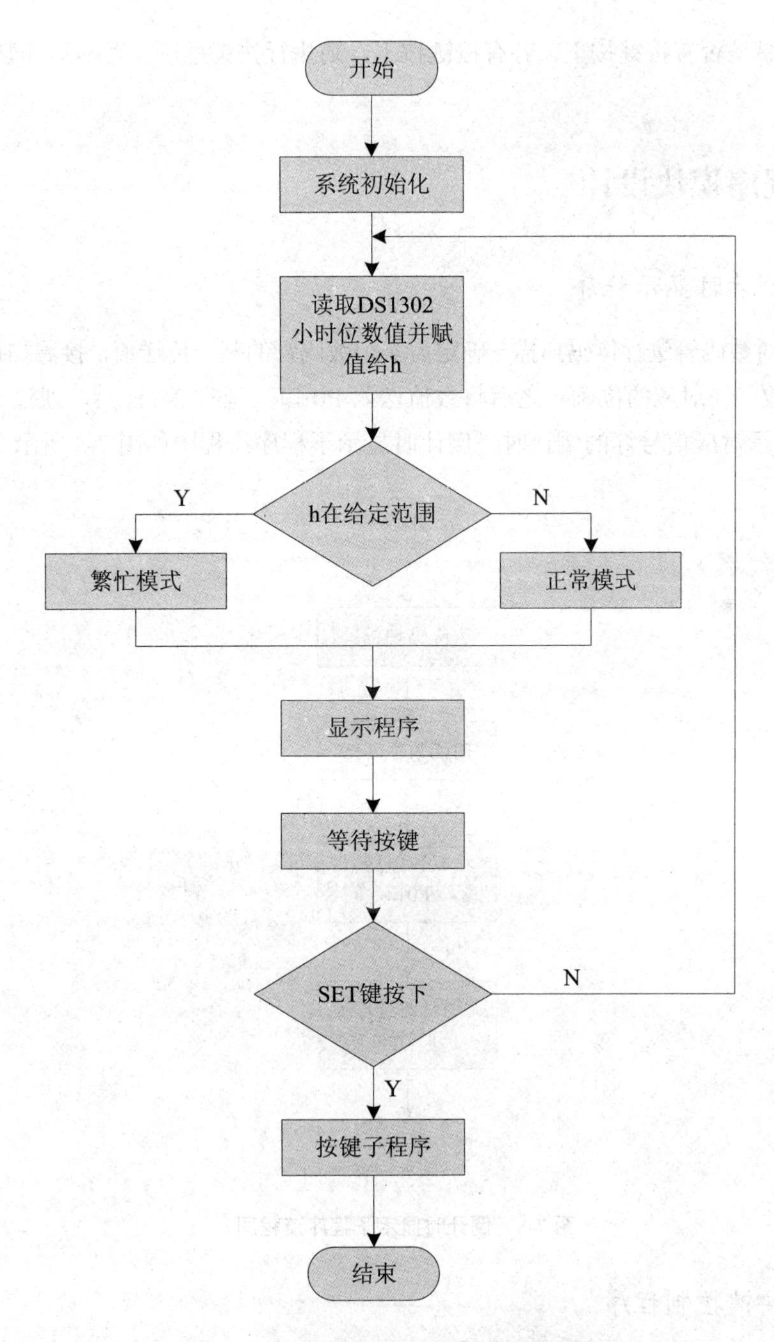

图 7-7　交通灯控制系统的主程序流程图

交通灯控制系统的系统初始化设置：设置定时器 0 为工作方式 2，初值 TH0＝0x06，TL0＝0x06，设置总中断允许，T0 中断允许，并打开 T0 中断，初始设置东西绿灯亮，南北红灯亮，并赋初始通行时间值。初始化 DS1302 时钟芯片。

交通灯控制系统首先读取 DS1302 芯片中小时位的数值，赋值给 h 进行判断，判断其是否在交通忙碌期，并根据判断结果进入繁忙模式或正常模式，点亮信号灯并显示对应的倒计时。然后判断是否有按键按下，若有按键按下，则执行按键程序，否则继续判断 h，确定工作模式。

7.3.2 子程序模块设计

（一）倒计时显示程序

系统首先对数码管进行位码扫描，确定为 4 个数码管的某一位送值，接着扫描数字 0～9 的 BCD 码，数字与对应的位确定之后将数值送入 P0 口，延时 2 ms 后，通过 74LS245 由 LED 数码管显示对应信号灯的倒计时。倒计时显示子程序流程图如图 7-8 所示。

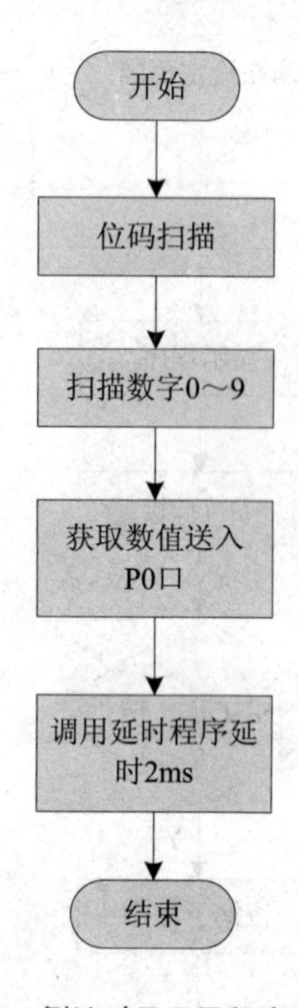

图 7-8 倒计时显示子程序流程图

（二）按键控制程序

交通灯控制系统等待 SET 是否按键按下，若按下则关闭 T0 中断并判断 SET 键按下的次数，SET 键按下一次，设置东西方向绿灯秒数，然后判断 ADD、SUB 键是否按下，根据 ADD、SUB 键按下的次数加或减东西方向通行时间。SET 键按下两次，设置南北方向绿灯秒数，然后判断 ADD、SUB 键是否按下，根据 ADD、SUB 键按下的次数加或减南北方向通行时间。SET 按下三次，打开 T0 中断，调整信号灯为初始化状态并显示调整后的信号灯倒计时秒数。按键子程序流程图如图 7-9 所示。

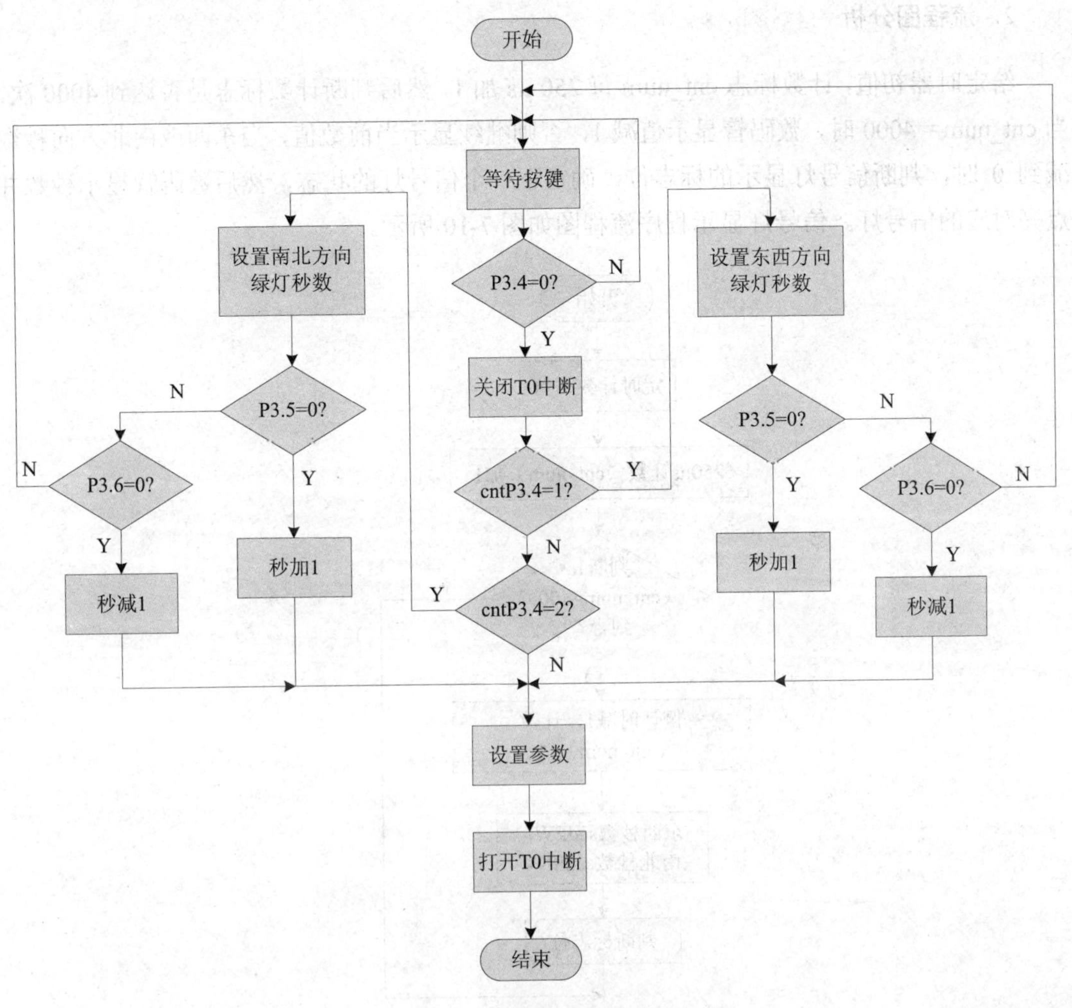

图 7-9　按键子程序流程图

（三）信号灯显示程序

1．定时原理

定时器 0 工作方式 2 是把 TL0 配置成一个可以自动恢复初值（初始常数自动重新装入）的 8 位计数器，TH0 作为常数缓冲器，TH0 由软件预置值。当 TL0 产生溢出时，一方面使溢出标志 TF0 置 1，同时把 TH0 中的 8 位数据重新装入 TL0 中。

根据 t=（28－T0 初值）×机器周期=（28－T0 初值）×时钟周期×12，初值 TL0=TH0=0x06，那么一个机器周期为 250 μs，要定时 1 s 则需 4000 次，即：

1 s=（256－6）×4000。

2．流程图分析

给定时器初值，计数标志 cnt_num 每 250 μs 加 1，然后判断计数标志是否达到 4000 次，当 cnt_num＝4000 时，数码管显示值减 1，否则继续显示当前数值，当东西或南北方向秒数减到 0 时，判断信号灯显示的标志位，确定下一个信号灯的状态，然后数码管显示秒数并点亮对应的信号灯。信号灯显示程序流程图如图 7-10 所示。

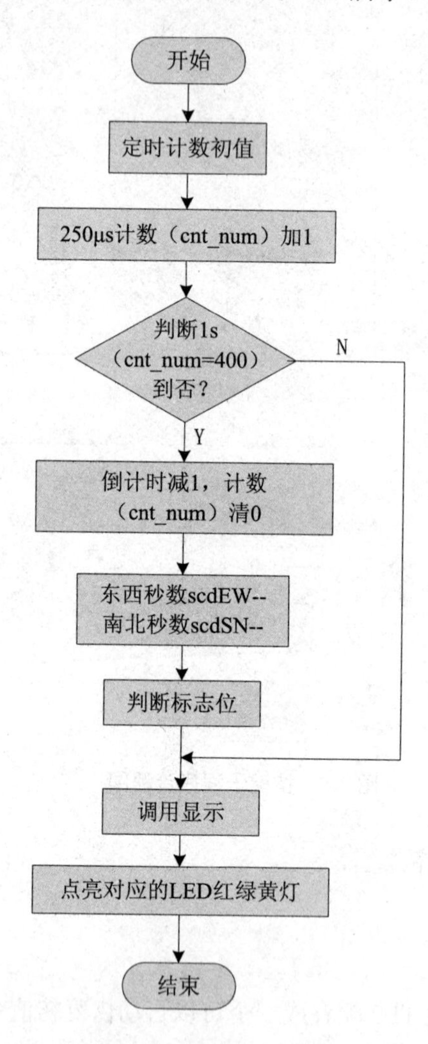

图 7-10　信号灯显示程序流程图

（四）DS1302 子程序

DS1302 初始化，设置 CE 为 1，获取要读取的时间地址，读取要得到的时间，设置 CE 为 0，将读取的时间转换成十进制。DS1302 子程序流程图如图 7-11 所示。

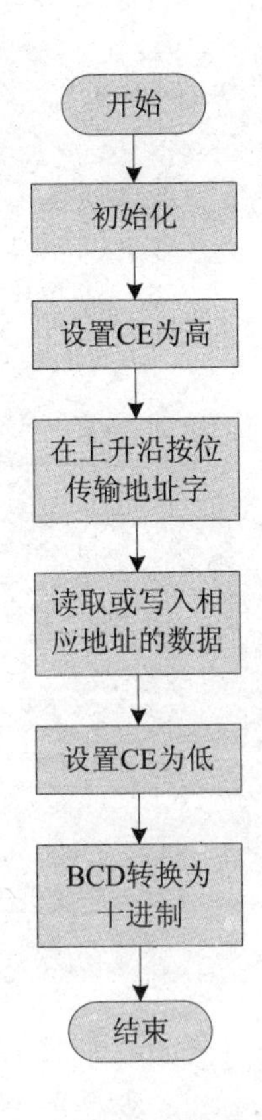

图 7-11　D1302 子程序流程图

7.3.3　系统总体程序源代码

系统总体程序源代码如下：

```
#include"STC89C52.h"
unsigned char num[ ]={0x3f,0x06,0x5b,0x4f,0x66,0x6d,0x7d,0x07,0x7f,0x6f};
                                              //共阴极数码管
unsigned char ctr[]={0x7f,0xf7,0xfe,0xfd};     //位码选择
unsigned char table[4]={0,0,0,0};
unsigned char v;
unsigned int scdEW,scdSN;
unsigned int cntSN,cntEW;
unsigned char cntP3_4,cntP3_5,cntP3_6;         //三个控制按钮
unsigned int cnt_num;
int greenEW = 6,yellowEW = 4,greenSN = 8,yellowSN = 4;//初始时间
int EWSN;

//DS1302 与单片机引脚连接定义
unsigned char a;temp;
sbit IO=P2^0;
```

```
sbit SCLK=P2^1;
sbit RST=P2^2;
sbit ACC0=ACC^0;
sbit ACC7=ACC^7;

//延时函数，n 为 1 延时 1 毫秒
void delay_ms(unsigned int n)
{
        int i;
        while(n--)
        {
         i = 70;
         while(i--);
        }
}

//正常显示秒数
void display(void)
{
    delay_ms(2);
    P3 = 0xff;
    P3 = ctr[v]        //位选端送值
    P0 = num[table[v]];
    v++;
    if(v == 4)
    {
        v = 0;
    }
 }

/*DS1302 子函数 */
 void write_byte(unsigned char dat) //写一个字节
{
    ACC=dat;
    RST=1;
    for(a=8;a>0;a--)
    {
         IO=ACC0;              //相当于汇编的 RRC
         SCLK=0;
         SCLK=1;
         ACC=ACC>>1;
     }
}
unsigned char read_byte()      //读一个字节
{
   RST=1;
```

```
    for(a=8;a>0;a--)
    {
        ACC7=IO;
        SCLK=1;
        SCLK=0;
        ACC=ACC>>1;
    }
    return(ACC);
}
//*******向 DS1302 芯片写函数，并且指定写入地址、数据***********
void write_1302(unsigned char add,unsigned char dat )
{
    RST=0;
    SCLK=0;
    RST=1;
    write_byte(add);
    write_byte(dat);
    SCLK=1;
    RST=0;
}
//从 DS1302 中读取数据，指定读取数据来源地址
unsigned char read_1302(unsigned char add)
{
    unsigned char temp;
    RST=0;
    SCLK=0;
    RST=1;
    write_byte(add);
    temp=read_byte();
    SCLK=1;
    return(temp);
}
unsigned char BCD_Decimal(unsigned char bcd)//BCD 码转十进制函数
{
    unsigned char Decimal;
    Decimal=bcd>>4;
    return(Decimal=Decimal*10+(bcd&=0x0F));
}
void ds1302_int()                //DS1302 初始化子函数
{
    RST=0;
    SCLK=0;
```

```
    write_1302(0x8e, 0x00); //允许写，禁止写保护
    write_1302(0x8e, 0x80); //打开写保护
}
//***************主程序*************************************
void main(void)
{
  unsigned char h;
  unsigned char j=0;
  TMOD = 0x02;                    //设定定时器 TO 的工作方式 2
  TH0 = 0x06;
  TL0 = 0x06;                     //初始化 8 位定时器(256 - 6)*40000 = 1s
  EA = 1;                         //总中断允许
  ET0 = 1;                        //T0 中断允许
  TR0 = 1;                        //打开 T0 中断
  EX0 = 1;                        //打开外部中断
  P1 = 0xf3;                      //东西向绿灯，南北向红灯
  P3_4 = 1;
  scdEW = greenEW;               //设置东西向显示秒数
  scdSN = greenEW;               //设置南北向显示秒数
  table[0] = scdEW/10;
  table[1] = scdEW%10;
  table[2] = scdSN/10;
  table[3] = scdSN%10;
  ds1302_int();
while(1)
{

   h=BCD_Decimal(read_1302(0x85));
   if((h>6&&h<8)||(h>11&&h<13)||(h>16&&h<19))
   {
      if(j!=1)
      {
       TR0=0;
       greenEW=15;
       greenSN=20;
       scdEW = greenEW;     //设置东西向显示秒数
        scdSN = greenEW;   //设置南北向现实秒数
        cntEW = 7;
        cntSN = 7;
        P1 = 0xf3;
        j=1;
        TR0=1;
        }
     }
```

```
  else j=0;

 if(P3_4==0)
{
    TR0=0;
    cntP3_4++;
    while(!P3_4);
    if(cntP3_4==1)
    {
         scdEW = greenEW;           //设置东西向显示秒数
              scdSN = greenEW;   //设置南北向显示秒数
              EWSN=greenEW;
        cntEW = 7;
        P1 = 0xf7;
      }
     else if(cntP3_4==2)
     {
         scdEW = greenSN;   //设置东西向显示秒数
         scdSN = greenSN;   //设置南北向显示秒数
         EWSN=greenSN;
         cntSN = 3;
         P1 = 0xfe;
       }
      else
      {
          cntP3_4=0;
          TR0=1;
          cntEW = 7;
          cntSN = 7;
          cnt_num = 0;
          cntP3_4 = 0;
        }
       table[0] = scdEW/10;
       table[1] = scdEW%10;
       table[2] = scdSN/10;
       table[3] = scdSN%10;
       display();
     }
    if(P3_5==0)
    {
        EWSN++;
        while(!P3_5);
        if(EWSN==100)
        {
             EWSN=0;
         }
```

```
            scdEW = EWSN;      //设置东西向显示秒数
            scdSN = EWSN;      //设置南北向显示秒数
            if(cntP3_4==1)
                greenEW=EWSN;
            else if(cntP3_4==2)
                greenSN=EWSN;

             table[0] = scdEW/10;
             table[1] = scdEW%10;
             table[2] = scdSN/10;
             table[3] = scdSN%10;
           }
           display();
            if(P3_6==0)
            {
                EWSN--;
                while(!P3_6);
                if(EWSN==0)
                {
                    EWSN=99;
                  }
                 scdEW = EWSN;
                 scdSN = EWSN;
                 if(cntP3_4==1)
                     greenEW=EWSN;
                 else if(cntP3_4==2)
                     greenSN=EWSN;

                  table[0] = scdEW/10;
                  table[1] = scdEW%10;
                  table[2] = scdSN/10;
                  table[3] = scdSN%10;
               }
            display();
           }
}

void t0(void) interrupt 1
{
        cnt_num++;
        if(cnt_num == 4000)
         {
            cnt_num = 0;
            if(scdEW-- == 0)
            {
                cntEW++;  //东西向秒数减至0，标志位加1
              }
            if(scdSN-- == 0)
```

```
        {
            cntSN++;   //南北向秒数减至 0，标志位加 1 }
        }
    switch(cntEW)
    {
        case 1:
                scdEW = yellowEW;   //东西向黄灯亮，显示黄灯秒数
                P1_3 = 1;
                P1_4 = 0;
                P1_5 = 1;
                cntEW++;   //避免程序到此阻塞，故将其置为 2
                break;
        case 3:
                scdEW = greenSN;   //东西向红灯亮，显示红灯秒数
                P1_3 = 1;
                P1_4 = 1;
                P1_5 = 0;
                cntEW++;   //避免程序到此阻塞，故将其置为 4
                break;
        case 5:
                scdEW = yellowEW; //东西向黄灯亮，显示黄灯秒数
                P1_3 = 1;
                P1_4 = 0;
                P1_5 = 1;
                cntEW++;
                break;
        case 7:
                scdEW = greenEW; //东西向绿灯亮，显示绿灯秒数
                P1_3 = 0;
                P1_4 = 1;
                P1_5 = 1;
                cntEW = 0;
               break;
    }
    switch(cntSN)
    {
        case 1:
                scdSN = yellowSN; //南北向黄灯亮，显示黄灯秒数
                    P1_0 = 1;
                    P1_1 = 0;
                    P1_2 = 1;
                cntSN++; //避免程序到此阻塞，故将其置为 2
                break;
        case 3:
                scdSN = greenSN; //南北向绿灯亮，显示绿灯秒数
```

```
                P1_0 = 0;
            P1_1 = 1;
            P1_2 = 1;
            cntSN++; //避免程序到此阻塞，故将其置为 4
            break;
        case 5:
            scdSN = yellowSN; //南北向黄灯亮，显示黄灯秒数
                P1_0 = 1;
            P1_1 = 0;
            P1_2 = 1;
            cntSN++;
            break;
        case 7:
            scdSN = greenEW;//南北向红灯亮，显示红灯秒数
                P1_0 = 1;
            P1_1 = 1;
            P1_2 = 0;
            cntSN = 0;
            break;
        }
    table[0] = scdEW/10;
    table[1] = scdEW%10;
    table[2] = scdSN/10;
    table[3] = scdSN%10;
}
```

7.3.4 系统仿真

本次基于单片机的交通灯控制系统的设计是在一般交通灯的基础上加上时间的智能控制，从而改变各方向通行的时间。因此本次智能交通灯的设计可以更好的解决了车流量较大的十字路口车辆的通行，与一般交通灯相比，它更具有实用性、简单化和智能化，从而也更好的应用到实际生活中，因此具有一定的实用价值。同时，在整个课程设计过程学会熟练使用 Keil、Proteus 等软件，对在今后的学习中会有很大的帮助。

此次基于单片机的交通灯控制系统的设计可以说得到了成功，但是还存在很多的不足和缺陷。如：工作模式的时间只有两种选择，而不能通过按键进行随意更改，工作模式时间的智能切换也不能进行手动调节，以及不能实现对通过道口车流量的统计等，因此本次基于单片机的交通信号灯控制系统的设计也还存在着很大的不足，还有待改善。

交通灯系统仿真图如图 7-12 所示。

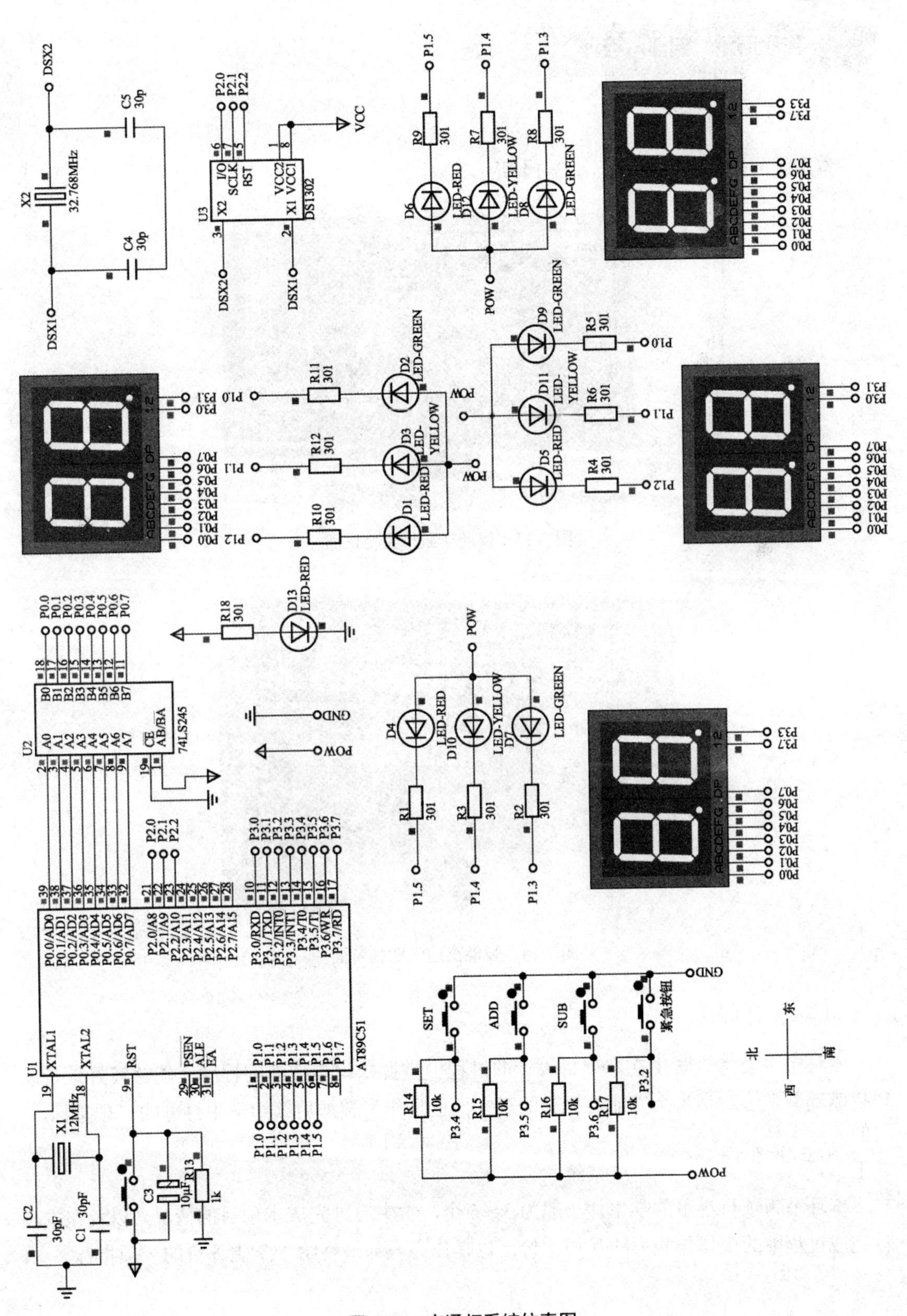

图 7-12　交通灯系统仿真图

作品展示、自评与互评

（一）作品展示

本系统的硬件如图 7-13、图 7-14 所示。

图 7-13　智能交通灯实物正面

图 7-14　智能交通灯实物背面

（二）自评

本环节主要考查学生在本项目设计的过程中掌握知识与技能的程度，能够较好地反映项目驱动教学法对学生个人能力提升的意义，也是作为教师后续给学生打分的一项指标。

（三）互评

本环节为项目小组的学生，一般为 3～5 个，学生通过完成本项目的情况，以及在本项目完成过程中的工作与能力的互相评价，也是作为教师最终给予学生评价的一项指标。

教师点评与拓展

1．点评标准

本项目驱动教学法，主要是锻炼学生的综合能力，本项目包括非专业能力及专业能力，其中非专业能力包含学习兴趣、学以致用情况、综合能力情况、协调能力情况、项目管理情况、总结汇报情况、实践操作情况、创意；专业能力包含利用 PROTEL 设计原理图情况、仿真图设计情况、程序设计情况、焊接测试情况，综合评分可以参考小组的自评与互评情况。教师可以通过表 7-5 大致可以给学生一个客观的评价，本项目驱动教学法得分情况能比较真实地反映学生真正的能力情况，较以往的以考试分数评价学生比较符合当今社会对人才的评价。

表 7-5　本项目教师评分标准

序号	项目	分值
非专业能力得分		
1	学习兴趣	5
2	学以致用情况	5
3	综合能力情况	5
4	协调能力情况	5
5	项目管理情况	5
6	总结汇报情况	5
7	实践操作情况	15
8	创意	5
专业能力得分		
9	利用 PROTEL 设计原理图情况	5
10	仿真图设计情况	15
11	程序设计情况	15
12	焊接测试情况	5
自评与互评得分		
13	自评	5
14	互评	5
总得分		

2．分析布置拓展的知识与技能

学生通过本项目，主要学习了交通灯的工作原理、交通灯原理图设计、程序设计（含算法设计）、硬件焊接与测试，掌握了单片机的综合应用技巧，为了能够达到学以致用的目的，可以自行编写程序，更改按键功能，增设部分元器件，改变交通灯工作模式。

参考文献

[1] 徐泖基，黄建华．单片机原理及应用［M］．北京．航空工业出版社，2016．

[2] 王卫兵．Protel 99 SE 基础教程［M］．北京．北京邮电大学出版社，2008．

[3] 许维蓥，郑荣焕．Proteus 电子电路设计及仿真［M］．2 版．北京．电子工业出版社，2014．

[4] 吴军良，肖盛文．C 语言程序设计［M］．上海．上海交通大学出版社，2018．

[5] 王港元．电子设计制作基础［M］．南昌．江西科学技术出版社，2011．

[6] 李红霞，易丽萍，周延．单片机实战训练［M］．长春．吉林大学出版社，2017．

[7] 李红霞，周延，易丽萍．单片机原理［M］．长春．吉林大学出版社，2017．

[8] 王冬艳，郑骊，李小平．项目驱动教学法进行数字电子技术实训改革［J］．电气电子教学学报，2012，34（6）．

[9] 杨春丽，胡旭．项目驱动教学法在单片机课程教学中的应用［J］．中国电力教育，2014（29）．